Vectorworks
パーフェクトバイブル
2018/2017対応
Windows & Mac

Aiprah 著

●本書内容に関するお問い合わせについて

本書に関する正誤表、ご質問については、下記の Web ページをご参照ください。

正誤表　https://www.shoeisha.co.jp/book/errata/
刊行物 Q&A　https://www.shoeisha.co.jp/book/qa/

インターネットをご利用でない場合は、FAX または郵便にて、下記にお問い合わせください。電話でのご質問は、お受けしておりません。
〒 160-0006　東京都新宿区舟町 5　㈱翔泳社 愛読者サービスセンター係
FAX 番号 03-5362-3818

※ 本書に記載された URL 等は予告なく変更される場合があります。
※ 本書の出版にあたっては正確な記述につとめましたが、著者や出版社などのいずれも、本書の内容に対してなんらかの保証をするものではなく、内容やサンプルに基づくいかなる運用結果に関してもいっさいの責任を負いません。
※ 本書に掲載されているサンプルプログラムやスクリプト、および実行結果を記した画面イメージなどは、特定の設定に基づいた環境にて再現される一例です。
※ 本書に記載されている会社名、製品名はそれぞれ各社の商標および登録商標です。

はじめに

　CAD 初心者の方には楽しく学べ、実務使用者の方には役立つ情報が満載の「1冊で長く使える本」を目指して誕生した「Vectorworks パーフェクトバイブル」も今回で 4 冊目となります。最初の本から 10 年の歳月が流れ、これまで大勢の Vectorworks ユーザーにご利用いただき、「スキルアップの役に立った！」と大変嬉しいお言葉をいただいております。励みになるお声がけも沢山いただき、スタッフ一同心より感謝申し上げます。

　現在の Vectorworks のバージョンは「2018 シリーズ」です。3D モデルから 2D 図面に展開ができるハイブリッド機能や VR（バーチャルリアリティ）機能など、毎回ソフトのバージョンアップに伴った便利な機能も含めて紹介をしてきましたが、やはり、いつも誰にでも関心があるのは「効率的に業務を行うためにはどうすれば良いか」ということです。この 10 年で数多く行ってきた講習の経験やユーザーからいただいたご相談内容から、今回は全体の構成を大きく見直しました。Chapter01 から Chapter02 で Vectorworks の基本操作をマスターし、Chapter03 から Chapter04 で効率の良い使い方のテクニックをマスターするという流れになっています。バージョン違いにもとらわれることなく活用できる「実務に即した内容」によりパワーアップしています。

　これまで同様、皆様の「一歩前に前進！」のお手伝いができることを願いつつ執筆いたしました。いつも傍らにこの本を置いていただき、更なるご活躍の一助になれば幸いです。

2018 年 7 月
Aiprah 代表　藁谷 美紀

CONTENTS

Chapter 01 Vectorworksでできる！2D ·············· 009

SECTION 01 Vectorworksについて ························· 010
- 1-1 Vectorworksの特徴 ····························· 010
- 1-2 画面の構成 ····································· 013
- 1-3 画面の操作 ····································· 018
- 1-4 図形の作図方法 ································· 019
- 1-5 図形の移動と複製 ······························ 026
- 1-6 図形の加工編集 ································· 029

SECTION 02 図面の作成 ································· 040
- 2-1 作図の準備 ····································· 041
- 2-2 平面図の作成 — 基本操作の活用 ················· 051
- 2-3 平面図の作成 — 図形の編集と加工 ··············· 068
- 2-4 展開図の作成 ··································· 083

SECTION 03 プレゼンテーションボードの作成 ··············· 095
- 3-1 図面の着彩 ····································· 096
- 3-2 写真のレイアウト — 画像の取り込み ·············· 105

Chapter 02 Vectorworksでできる！3D ·············· 111

SECTION 01 3D操作の流れ ······························ 112
- 1-1 操作の流れ ····································· 113
- 1-2 3Dモデルの種類 ································· 120
- 1-3 3Dモデルの編集と加工 ·························· 126

SECTION 02 家具の作成 ································· 134
- 2-1 収納棚の作成 ··································· 135
- 2-2 ソファの作成 ··································· 145

Chapter 03 Vectorworksの作図を極める! ········· 161

SECTION 01　作図効率のアップ ················· 162
1-1　レイヤとクラス ···················· 163
1-2　他ファイルの取り込み ············· 171
1-3　シンボルの活用 ··················· 175
1-4　コマンドパレットの作成 ············ 185
1-5　便利なコマンドとツール ··········· 190

SECTION 02　ハイブリッドの活用 ················ 203
2-1　ハイブリッドの作図 ··············· 204
2-2　ハイブリッドシンボル ············· 212

SECTION 03　シートレイヤの活用 ················ 230
3-1　提案書の作成 ···················· 231
3-2　家具三面図の作成 ················ 245
3-3　展開図の作成 ···················· 251

Chapter 04 Vectorworksのパースを極める! ··· 255

SECTION 01　複雑な形状のモデリング ············ 256
1-1　NURBSについて ················· 257
1-2　サブディビジョンサーフェス ········ 270

SECTION 02　テクスチャの応用 ················· 277
2-1　オリジナルテクスチャの作成 ········ 278
2-2　テクスチャ設定 ··················· 287
2-3　添景と背景 ······················ 297

SECTION 03　レンダリング ····················· 302
3-1　視点の設定 ······················ 303
3-2　光源設定 ························· 306
3-3　ファイルの取り出し ··············· 315

●ダウンロードデータについて

Vectorworks 2018体験版のダウンロード

本書は、Vectorworks 2018をベースにして制作されており、評価版を使いの方には本書の通り再現されない場合もありえます。また、Vectorworks 2018 評価版のダウンロードはエーアンドエー株式会社の Web サイトから行えますが、Vectorworks 2019 が販売された後、ダウンロードできるのは、Vectorworks 2019 の評価版になります。なお、Vectorworks のバージョンについて、およびその違いによる本書内容との齟齬について、エーアンドエー株式会社および株式会社翔泳社はサポートできませんので、予めご了承ください。
体験版は以下の URL からダウンロードを申し込むことも可能です。

※体験版の使用期限は 1 ヶ月となっております。1 ヶ月以上ご使用の場合は正規版の購入が必要となります。
http://www.aanda.co.jp/Vectorworks2018/demo_index.html

Vectorworks 2018の推奨環境

［**Windows 版必要システム構成**］
OS Windows7、8、10 ※ 32bit OS には対応しておりません。
CPU　　　Intel Core i5（または同等の AMD 製 CPU）、クロック周波数 2GHz 以上
メモリ　　推奨 8 〜 16GB 以上（最小 4GB）
画像解像度　　　推奨 1920 x 1080 以上（最小 1440 x 900）、4K ディスプレイ対応
ハードディスク空き容量　　　30GB 以上
グラフィックス　　　OpenGL 2.1 互換グラフィックスコントローラ、VRAM（ビデオメモリ）推奨 2 〜 4GB（最小 1GB）

［**Mac 版　必要システム構成**］
OS Mac OS X 10.10、Mac OS X 10.11 (El Capitan)、macOS 10.12 (Sierra)、macOS 10.13 (High Sierra)
CPU　　　Intel Core i5（または同等の AMD 製 CPU）、クロック周波数 2GHz 以上
メモリ　　推奨 8 〜 16GB 以上（最小 4GB）
画像解像度　　　推奨 1920 x 1080 以上（最小 1440 x 900）、Retina ディスプレイ対応
ハードディスク空き容量　　　30GB 以上
グラフィックス　　　OpenGL 2.1 互換グラフィックスコントローラ、VRAM（ビデオメモリ）推奨 2 〜 4GB（最小 1GB）

サンプルファイルのダウンロード

誌面で作成するサンプルの作例データはダウンロードできます。各章ごとにフォルダ分けしており、それぞれに作例データと完成データを用意しています。
サンプルファイルのダウンロードは下記の URL からご利用頂けます。
https://www.shoeisha.co.jp/book/download/9784798146416

サンプルファイルの構成

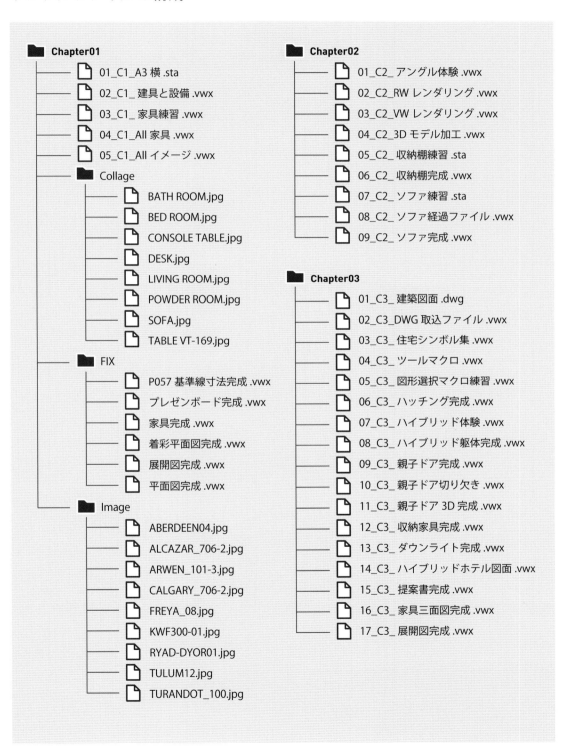

●注意点

コマンドに関して

本書では、Windows 版の画面にそって操作方法を掲載しています。Mac 版では操作方法や画面が異なる場合は、「Mac 版では〜」というように説明しているので、Mac 版でもご利用いただけます。なお、Windows 版とMac 版の主な操作方法の違いは以下のようになります（本文でも説明しています）。

Windows 版	Mac 版
［Alt］キー	［option］キー
［Enter］キー	［return］キー
［Ctrl］キー	［⌘］キー
右クリック	［control］キー＋クリック

Chapter 01

Vectorworksでできる！
2D

SECTION 01　Vectorworksについて
1-1　Vectorworksの特徴
1-2　画面の構成
1-3　画面の操作
1-4　図形の作図方法
1-5　図形の移動と複製
1-6　図形の加工編集

SECTION 02　図面の作成
2-1　作図の準備
2-2　平面図の作成 — 基本操作の活用
2-3　平面図の作成 — 図形の編集と加工
2-4　展開図の作成

SECTION 03　プレゼンテーションボードの作成
3-1　図面の着彩
3-2　写真のレイアウト — 画像の取り込み

SECTION 01 Vectorworksについて

インテリアデザインのワークフローにおいて Vectorworks の活用範囲は幅広く、「基本プラン」「ショードローイング」を作成しながら、同時に 3D 空間の「シミュレーション」「パース図」や、見積書、実施設計で必要な資料なども作成することができます。

1-1 Vectorworks の特徴

2D 製図

2D 製図は、CAD としての機能精度はもちろんのこと、図形は面属性を持つことにより着彩がしやすくプレゼンテーション用のドローイングにも適しています。カラーパレットはユーザーによる編集が可能で、グラデーションや透明度、画像を図形に貼り付けることができます。

3D シミュレーション

2D で作成した図面をそのまま 3D モデリングに移行することができ、1 つのファイルで 2D と 3D の切替えをスムーズに行える「ハイブリッド構造」を持っています。

3D 化することで、図面では読み取りづらい空間のボリュームやつながり、複雑な構造などをさまざまな方向から確認することができます。

ハイブリッドモデルを使用した場合は、2D で修正した内容が 3D にも同時に反映されます。

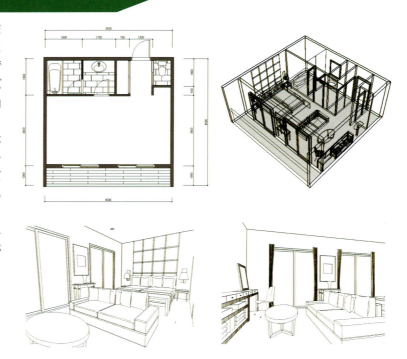

プレゼンテーション

　1つのモデルから、さまざまなアングルを指定して、プレゼンテーション用のパースを作成することができます。レンダリング専用の「Renderworks」は光と影の陰影や木目や金属、透明なガラスなどのリアルな質感表現が可能になり、水彩やセル画などアーティスティックな表現ができるようになります。また、ウォークスルー（3D空間を歩き回るような視点移動）やアニメーションを作成することで、動きのあるプレゼンテーションが可能です。シートレイヤとビューポートを使って、部分的な図面情報を抜き出したものや、パースアングルや取り込み画像を1つのシートに集約し、レイアウトすることで簡単なプレゼンテーションボードを作成することができます。

OpenGL

RW-仕上げレンダリング

RW-カスタムレンダリング

RW-アートレンダリング

シートレイヤによるプレゼンテーションボード

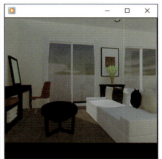
アニメーション

ファイルの互換

　Vectorworksには Windows 版と Macintosh 版があり、OS を選ばないソフトです。また、ほかの CAD との互換性も高く、DXF ファイルや DWG 形式のファイルの取り込みや取り出しをすることができます。そのほか、画像を取り込んだり、レンダリングしたパースを各種画像ファイルに取り出すことができます。さらに、Fundamentals 版以外のパッケージでは、3DS ファイルや PDF にも対応しています。

取り込む / 取り出す

ワークシート機能

　表計算機能を持ったワークシートの作成ができます。図形とリンクして数や寸法、面積などを積算することができるため、図面と連動した見積書の作成が可能です。図面に修正が加わった場合、ワークシートを更新することで見積書を簡単に修正することができます。また、ワークシートは単独で作成・印刷することができます。

ファイル共有

　マスターファイル（元になるファイル）を参照する機能です。1つのプロジェクトを複数のメンバーで手分けして作業する場合など、参照元になる建築図面（マスターファイル）を電気設備、インテリアなどの各担当者が自分のファイルに共有設定し参照することができ、建築図面をベースに各自の情報を書き込むことで作業効率が良くなります。必要なレイヤだけを参照したり、リソースを参照して使用することもできます。

　また、マスターファイルに修正が加わった場合はファイルを更新することによって結果をすぐに得ることができます。ファイル共有機能はネットワークにつながれている複数のパソコンで行うほかに、1台のパソコン上でも実行することができます。

建築設計：共有元図

共有　　共有

インテリア：レイアウトを追加

照明計画：共有ファイルのレイヤを一部非表示にし配灯図を追加

Vectorworks2018 シリーズの製品ラインナップ

　Vectorworks 製品は、全5種類の商品構成になっています。2D/3D 汎用作図機能、3D モデリング、プレゼンテーションボード、表計算／データベース機能を標準搭載したベーシック商品（Fundamentals）のほかに各専門に特化した機能や豊富なデータライブラリを搭載した商品（Designer、Architect、Landmark、Spotlight）があります。詳しくは、エーアンドエーのウェブサイトを参照してください。

　A&A Web サイト http://www.aanda.co.jp/

1-2 画面の構成

Vectorworks2018 インターフェース

図は Vectorworks Architect 2018 の作業画面です。メニューやツールセットの項目は、使用するバージョンや作業画面の種類により異なります。

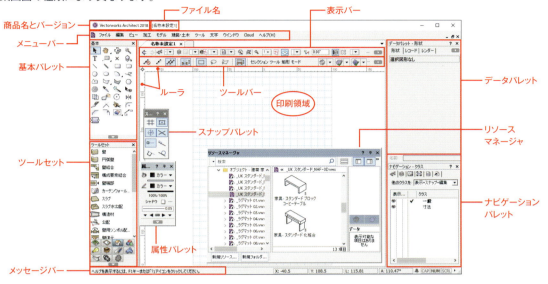

各種パレットの名称と役割

パレット表示について

Vectorworks では、2D や 3D を作図・編集するための基本パレットや図形の属性を選択するパレット、図形の情報を見るパレットなど、さまざまなパレットが用意されています。

これらのパレットは「ウインドウ」メニューや、右クリックで表示したコンテキストメニューの「パレット」以下にある各パレット名を選択することで、表示／非表示の切替えができます。パレット名の前にチェックが入っているものは画面に表示されているパレットです。

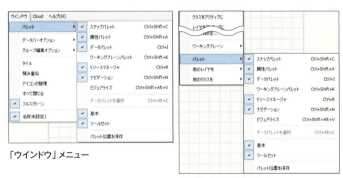

「ウインドウ」メニュー　　　　　右クリックコンテキストメニュー

基本パレット

基本的な 2D 図形の作成や編集、3D モデル視点変更のツールのほか、図形を選択するツールや表示領域の拡大縮小、表示領域の移動ができるツールなどが収まっています。ツールの中には、アイコンの右下に▲マークの付いているものがあります。これは「ポップアップツール」といい、右クリックもしくは長押しで隠れたツールを表示することができます。

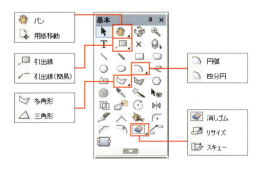

ツールセット

●ビジュアライズ
ウォークスルーや視点の移動、光源の設定など、図面ビューに関連するツールが収められています。

● 3D
ソリッドやNURBSなどの3Dモデルを作成・編集するツールが収められています。

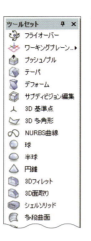

●建物
基本的な壁の作成や壁の結合、切り離しをするツールが収められています。

●家具／建物
テーブルセットやキャビネットなど室内で利用できる家具や手摺、設備のオブジェクトが収められています。

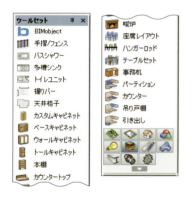

●寸法／注釈
各種寸法や記号、ラベルなどを作成するツールが収められています。

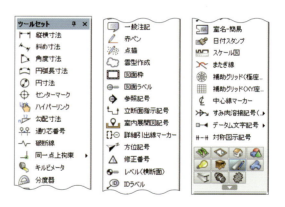

属性パレット

図形の面や線の属性を指示するパレットです。面の色、線の色、線の太さ、線の種類などのほかに、面属性や線属性に割り当てる模様、ハッチング、グラデーション、タイル、イメージ、マーカーなどの設定ができます。

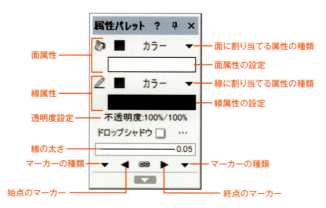

014

データパレット

　選択されたオブジェクト（図形や文字など）のさまざまな情報をリスト表示するパレットです。「形状」「レコード」などのタブを切替えて使用します。

●形状タブ

選択したオブジェクトのタイプ、属するクラス、レイヤ、オブジェクトの大きさや座標値などが表示されます。各項目の数値を修正したり、選択を切替えることによりオブジェクトを編集することができます。データパレットの表示内容は選択しているオブジェクトにより異なります。

複数のオブジェクトを選択している場合、選択された数が表示され、同じタイプのオブジェクトが選択されている場合のみ、タイプが表示されます（下左図）。また、個々の情報を確認・編集する時は「編集モードの切替え」でそれぞれを操作することができます。

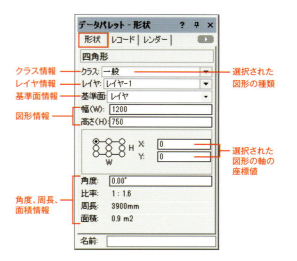

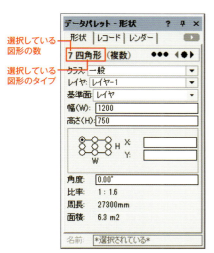
選択している図形の数とタイプ

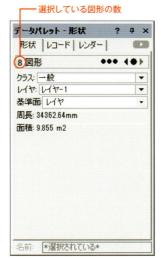
複数の異なるオブジェクトを選択した場合

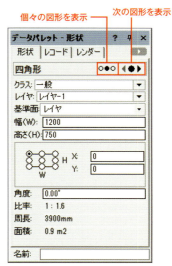
編集モードの切替え

●レコードタブ

図形にレコード情報を与え、データベースを管理する場合に使用します。図形名、レコードリスト、フィールドリストがあります。

●レンダータブ

Renderworksで使用する3Dモデルのテクスチャ設定や編集、縮率、回転等を設定することができます。

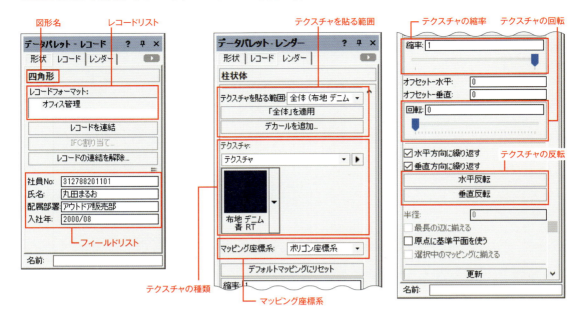

リソースマネージャ

Ver.2017より大きく変更されたのが、リソースマネージャ（旧：リソースブラウザ）です。シンボルや、属性パレットで取り込んだグラデーション、ハッチング、タイル、ラインタイプ、イメージや、Vectorworksで使うさまざまなリソースの作成や編集を一元管理するパレットです。主だった箇所の名称や使い方を紹介します。

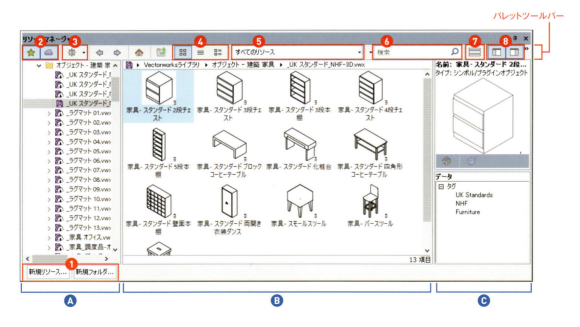

❶ クイックアクセスボタン：下部のボタンは新規リソース作成やリソースをフォルダ管理したい時に使い、枠内に表示されたリソースが保存されているファイルをクリックするとファイルの中身が確認できるボタンです。

❷ ファイルグループの表示切替え：開いているファイル／お気に入り／ユーザライブラリ・ワークグループライブラリ／サブスクリプションライブラリなどを表示／非表示できます。マークが付いているファイルは、PCには存在していないので、ダウンロードして使用します。インターネットがつながっている環境が必要になります。

❸ ファイルオプション：ほかのファイルのリソースを閲覧したり、閲覧しているファイルを開いたり、お気に入りに登録したりすることができるボタンです。

④ リソースの表示方法：サムネイル、詳細リスト、サムネイルリストを切替えることができます。

⑤ リソースタイプ：すべてのリソースを表示するほか、目的に絞ってリソースを表示させることができます。

⑥ 検索ボックス：目的のリソースを名称で検索することができます。

⑦ レイアウトを回転：旧バージョンのようにリソースマネージャのレイアウトを回転することができます（右図）。

⑧ ファイルブラウザペイン及びプレビューペインの表示切替え：名称の通り、表示状態の切替えを行えます。

Ⓐ ファイルブラウザペイン：ファイルとフォルダが表示され、ここからリソースにアクセスできます。

Ⓑ リソースビューペイン：選択したファイルのリソースを表示ます。パレットツールバーで表示方法とリソースタイプを選択します。

Ⓒ プレビューペイン：選択されたリソースのプレビュー（表示）するペイン（区画）です。パレットツールバーでプレビューペインの表示切替えができます。

レイアウトを回転

リソースの呼び出し方

自身が作成したファイルを指定して呼び出す方法と、リソースマネージャのファイルペインから選択していく方法の2種類があります。

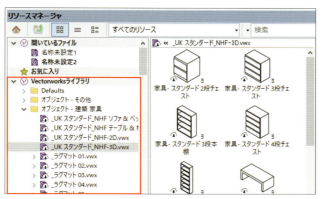

ファイルブラウザペインから探す方法

作成したリソースを呼び出す方法

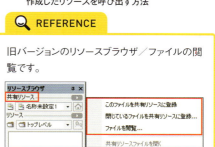

REFERENCE

旧バージョンのリソースブラウザ／ファイルの閲覧です。

取り込みたいファイルアイコンの右下に雲マークが付いている場合は、ファイルをクリックし右側に表示されるので、取り込みたい図形の上で右クリックし「取り込む」を選択します。

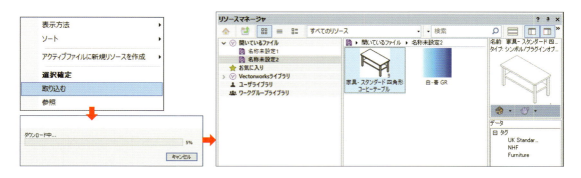

リソースの中身は、すべてのリソースのほか、表示させたいリソースに絞り込むことができます。

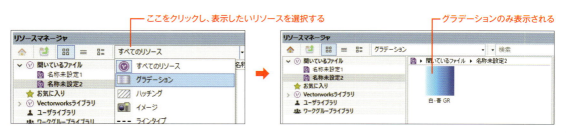

017

新規リソースの作成方法と種類

リソースマネージャのファイルブラウザペイン下にある「新規リソース」ボタンをクリックすると、「リソースの作成」ダイアログが表示されます。
作成できる種類は図の通りです。

1-3　画面の操作

画面の拡大／縮小・スクロール

　初めて Vectorworks を使う方に特に慣れていただきたいのが、マウスの操作です。Vectorworks は主にマウス操作で作図しますが、画面を動かしたり、拡大したりなど、Vectorworks の機能を知る前にできるようになると、さらに操作がスムーズになります。ホイールを回すと拡大と縮小ができ、ホイールを押し込んでいる間は画面の移動として使用できます。
　また、画面の表示／拡大は、表示バー、拡大表示ツールでも行えます。

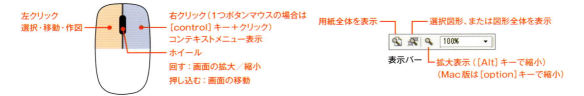

拡大表示ツールによる拡大／縮小

基本パレットの拡大表示ツールを使用すると、表示領域を指定して拡大／縮小できます。

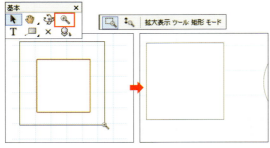

拡大したい場所をドラッグして囲んで拡大

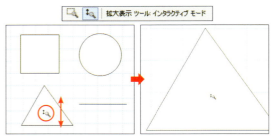

拡大や縮小したいところで、ホイールを回す

1-4 図形の作図方法

基本的な作図方法には、①作図ツールを選択しマウスで図形を作図する、②作図ツールをダブルクリックし数値を入力して作成する、③作図の後、正確な数値を指定して調整する、という3通りの方法があります。ここでは四角形ツールを作図する例でこれらの3通りの方法を解説します。

①マウスで図形を作図

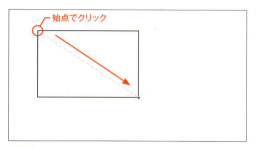

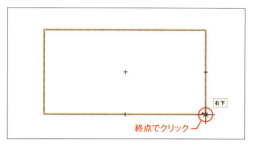

1 基本パレットの四角形ツールを選択し、図形の始点をクリックします。

2 終点をクリックします。

②数値を入力して作成

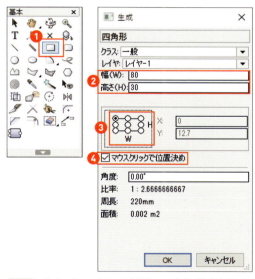

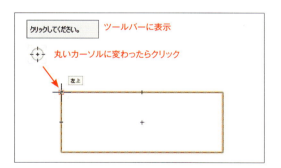

2 ツールバーに「クリックしてください」と表示されます。クリックした点が、「生成」ダイアログで指定した基点となります。カーソルを目的の場所に合わせてクリックします。クリックした点を基点として、図形が配置されます。

1 基本パレットの四角形ツールをダブルクリックして❶、「生成」ダイアログを表示します。「幅（W）」と「高さ（H）」に数値を入力し❷、配置する図形の基点を指定します❸。「マウスクリックで位置決め」にチェックが入っていることを確認して❹、「OK」をクリックします。

③作図後に数値を指定

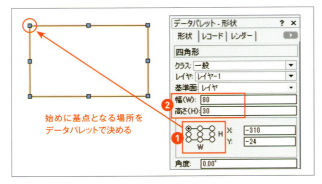

始めに基点となる場所を
データパレットで決める

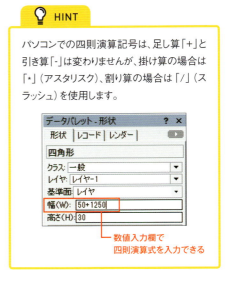

数値入力欄で
四則演算式を入力できる

HINT
パソコンでの四則演算記号は、足し算「+」と引き算「-」は変わりませんが、掛け算の場合は「*」（アスタリスク）、割り算の場合は「/」（スラッシュ）を使用します。

1 図形を選択し、データパレットの「形状」タブで数値を変更する際の基点となる位置を指定します❶。「幅（W）」と「高さ（H）」に数値を入力し❷、［Enter］キー（Mac版は［return］キー）を押して確定します。

HINT
最初に基点を決めておかないと、図形が思った方向にリサイズされないので注意してください。

図形の選択

作成した図形を加工したり編集したりする場合は、どの図形を扱うのかを指定するために「図形の選択」を必ず行います。2D図形を選択するにはセレクションツールを使用します。

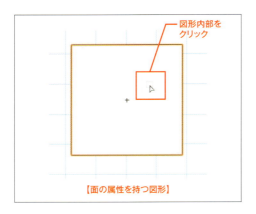

図形内部をクリック

【面の属性を持つ図形】

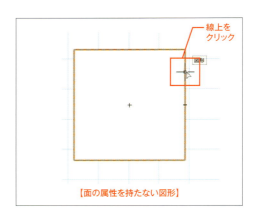

線上をクリック

【面の属性を持たない図形】

アクティブポイント

図形を選択すると水色のアクティブポイントが表示されます。アクティブポイントの数や位置は、図形のタイプによって変化します。四角形のように四隅がはっきりしている図形は、各頂点と各辺の中点に表示されます。多角形はその外形に対して、直線では始点と終点、円では最後にクリックした点に表示されます。円弧では、円の中心と、各端点及び円弧の中点に表示されます。

アクティブポイントがある位置や、直線や円の中心にマウスカーソルを近づけるとスクリーンヒントが表示されます。

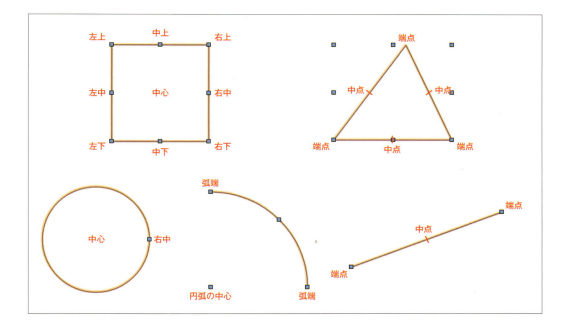

［Shift］キーを使用した複数の図形の選択

　図形を選択した後、［Shift］キーを押しながら別の図形をクリックすると、それまでの図形の選択は解除されず、クリックした図形が追加選択されます。逆に、複数の図形が選択されている場合に、［Shift］キーを押しながらその中の図形をクリックすると、その図形だけ選択解除されます。表示バーの「変形」モードにしておくと、選択されているすべての図形にアクティブポイントが表示されます。

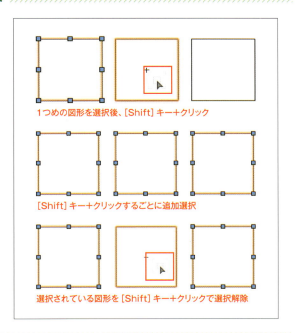

「矩形」モードを使用して選択する

　セレクションツールを選ぶとツールバーに表示する「矩形」モードは、図形をマーキー（水色の枠）で囲んで選択します。マーキーの中に入りきらなかった図形は選択されません。ただし、［Alt］キー（Mac版は［option］キー）を押しながら操作した場合は、マーキーに触れた部分も選択できるようになります。

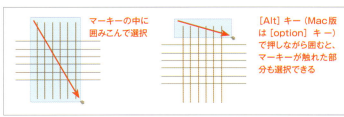

「なげなわ」モードを使用して選択する

　セレクションツールの「なげなわ」モードは、フリーハンドで図形を選択します。矩形と同様に［Alt］キー（Mac版は［option］キー）を押しながら操作すると、マーキーの線上の図形も選択できるようになります。図のように、入り組んだエリアの図形を選択する時に便利です。

図形の移動

　セレクションツールが選択されている状態で、図形上の任意の位置にカーソルを置くと、移動カーソルが表示されます。そのままドラッグすると図形を移動することができます❶。

　図形の基点に合わせて複数の図形を正確に配置する場合は、スナップドラッグカーソルを使用します❷。アクティブポイントが表示される場所にカーソルを合わせると、カーソルがスナップドラッグカーソルに変化します。そのままドラッグして配置したい場所に移動します。スクリーンヒントが表示されるので、図形の正確な位置をつかんで移動することができます❸。

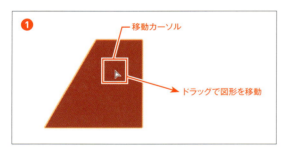
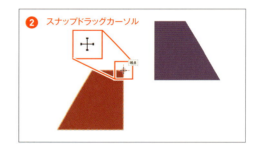
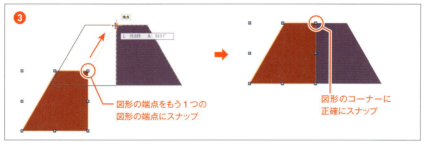

ナッジ機能

　配置した図形の位置を微調整したい場合は「ナッジ」機能を使用します。図形を選択した状態で、キーボードの［Shift］キーを押しながら動かしたい方向に矢印キーを押すと、図形の位置が微調整できます。

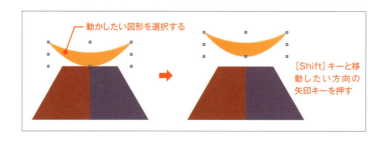

ナッジの移動の最小単位は初期設定で1ピクセルです。「ツール」メニューから「オプション」→「環境設定」を選択し、「環境設定」ダイアログの「描画」タブを表示します。

❶は1ピクセル移動する場合の実行キー、❷は「スナップグリッドの距離」、あるいは「カスタム距離」で指定した距離（mm単位）を移動する場合の実行キーを指定します。

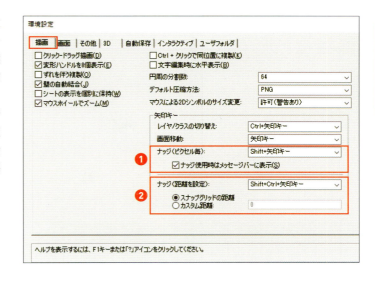

図形のリサイズ

図形が選択された状態でアクティブポイントにカーソルを近づけると斜めの矢印のカーソルに変化します。この状態でアクティブポイントをクリックし、水色のポイントの上でリサイズカーソルに変わったら、マウスをクリックし変形します。❶は辺をつかんでリサイズした結果です。❷は図形の頂点と水色のポイントが重なっているところをリサイズした結果です。四角形のように縦横のサイズ変更と異なり、多角形はプロポーションが変わります。図形の変形に関しては後述します。

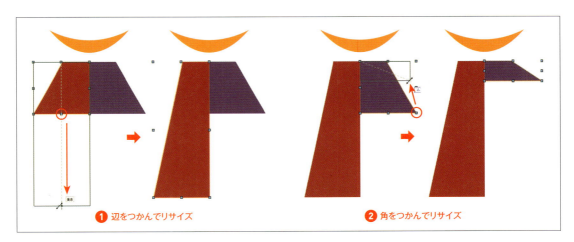

❶ 辺をつかんでリサイズ　　❷ 角をつかんでリサイズ

図形の消去と取り消し

図形の消去は、必ず目的の図形を選択して［Delete］キーを押すか、「編集」メニューから「消去」を選択します。誤って図形を消去してしまった場合や、操作を間違ってしまった場合などは、「編集」メニューから「取り消し」を実行すると、それまで行った操作をさかのぼって取り消すことができます。

HINT

操作に慣れてきたら、ショートカットを覚えておくと便利です。
取り消し：[Ctrl]（Mac：[⌘]）+ [Z] キー

 HINT

「取り消し」の回数は「ツール」メニューから「オプション」を選択し、「環境設定」の「その他」タブの「取り消し回数を設定」に入力して設定することができます。

HINT

ショートカットについて

本書では、よく使うツールやコマンドのショートカットの記載のほかに、ツールバーの表示モードの切替えのショートカットについても紹介します。

基本パレット

基本パレットの図の枠内は、主に図形を作図するパレットになります。ここでは、四角形／直線／ダブルライン／隅の丸い四角形／円弧／多角形を抜粋して紹介します。

HINT

設定ボタン

ツールによってこの設定ボタンが表示されます。このアイコンは見た目は同じですが、選択したツールによって設定内容が異なります。

直線ツール

フリーハンドツール

フィレットツール・曲線ツール

隅の丸い四角形ツール

ダブルラインツール

四角形

●ショートカット：4 キー

スタンダードな四角形の作図方法については前項で解説しました。ここでは、斜度に沿って四角形を描く「3点指定回転」モードを紹介します。

「3点指定回転」モード

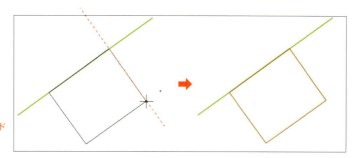

隅の丸い四角形

●ショートカット：Alt（Mac：option）+4キー

　描き方は四角形と同様ですが、隅の丸みを変更する方法を紹介します。データパレットの「四隅の形状」を「正対称に」に切替え❶、リサイズカーソルで隅の丸みを変更します❷。

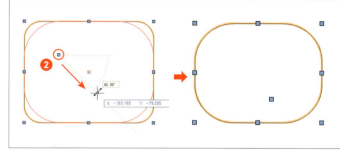

直線（シングルライン）

●ショートカット：2キー

　クリック&クリックで作図します。「頂点」モードと「中心」モードの2種類があります。「頂点」モードは端から端までをクリックで作図します。「中心」モードは、直線の中心から指定して、ドラッグし、片方の端部をクリックし作図します。

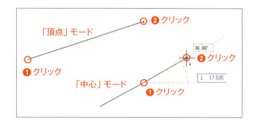

直線（ダブルライン）

●ショートカット：Alt（Mac：option）+2キー

　クリック&クリックで作図します。二重線の片方をどちらに振り分けるかを設定する「振り分け」モードがあります。設定ボタン内では、線のみ、面のみ、線と面の設定が可能です。

円弧

●ショートカット：3キー

　ここで紹介するのは、「半径」モードです。
　円の中心となる部分でクリック❶、半径の端部でクリック❷、マウスを動かすと「弧」が表示されるので、この長さをクリック❸して作図が終了します。

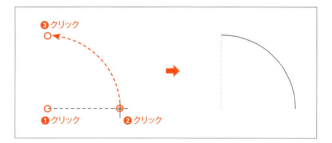

Chapter 1　Vectorworksでできる！ 2D

025

多角形

●ショートカット：8キー

「頂点」モード

始点でクリックし❶、各頂点をクリックしながら作図し❷❸、作図を終了する場合は、始点に戻ってクリックするか、その場でダブルクリックすると作図が終わります。

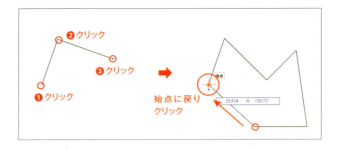

「境界の内側」モード

面や線に囲まれている図形の内側に、多角形の面情報を流し込むことができるモードです。図形同士が交差していれば、クリックで面情報ができるので、多角形ツールで各頂点をクリックしながら作図する手間が省けてとても便利です。

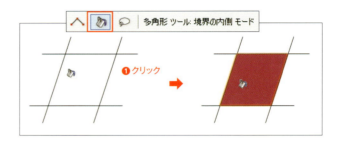

1-5 図形の移動と複製

図形の移動は、マウスや矢印キーで移動する方法と、数値入力による移動・複製方法があります。

図形の移動

マウスで移動

基本パレットのセレクションツールを選択し図形をつかんでマウスで移動します。

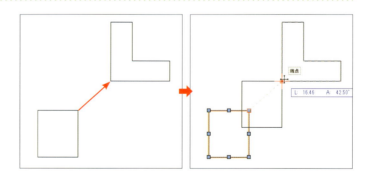

［Shift］キー＋矢印キー（ナッジ）で移動

図形を選択し、キーボードの［Shift］キーを押しながら、移動したい方向の矢印キーを押します。

［Shift］キーと矢印キーで移動

026

移動コマンドで移動する

図形を選択し、「加工」メニューの「移動」を選択します。ダイアログに移動したい数値を入力し、「OK」をクリックします。

右：X方向
左：-X方向
上：Y方向
下：-Y方向

図形の複製

図形の複製は、マウスドラッグで任意の位置に複製する方法と、コマンドを実行する方法があります。

マウスドラッグで複製する方法

[Ctrl]キー（Mac：[option]キー）を押しながら、図形をドラッグします。任意の位置に複製できます。

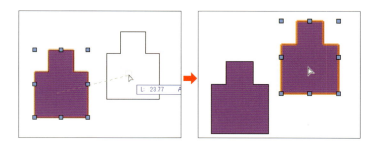

コマンドを実行する方法

「編集」メニューの「コピー」と「ペースト」で複製がとれます。特にこのコマンドで便利なのが「ペースト（同位置）」です。異なるレイヤ間やファイル間で、かつ同じ位置に図形が必要な場合、大変便利です。

複製コマンドで移動する

同じ図形が必要な時は「編集」メニューのコピー＆ペースト（2工程）より、「複製」（1工程）が便利です。

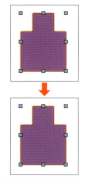

同じ位置に複製されている

> ⚠ **CAUTION**
>
> 「ツール」メニューの「オプション」→「環境設定」で表示される「環境設定」ダイアログの「描画」タブで「ずれを伴う複製」にチェックが入っている場合は、チェックをはずします。
>
>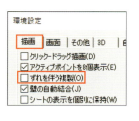

配列複製

「配列複製」コマンドは、複製の間隔と数を指定し、一度に複数の図形を複製するコマンドです。複製の形式には「直線状に並べる」、「行列上に並べる」、「円弧状に並べる」が用意されています。

直線状に並べる20mm角の四角形を作図し、「編集」メニューから「配列複製」を選択します。

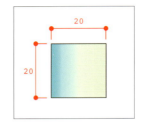 

直線状に並べる

「配列複製」ダイアログが表示されます。「複数の形式」を「直線状に並べる」、「複製の数」を「5」、「複数位置の指定方法」の「X-Y座標を基準に設定」をオンにし、「X」を「25」、「Y」を「0」に設定します❶。最後に「OK」をクリックします。選択した図形の複製が、指定した数と間隔で直線状に配置されます❷。

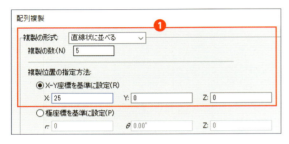 

25mm間隔に右方向へ複製

行列状に並べる

図形を行列状に配列複製をします。図形を選択し、「編集」メニューから「配列複製」を選択します。「配列複製」ダイアログで、「複数の形式」を「行列状に並べる」、「列数」を「5」、「行数」を「3」、「列の間隔」を「30」、「行の間隔」を「25」に設定し、「OK」をクリックします。選択した図形が、3行×5列に複製配置されます。

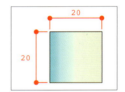

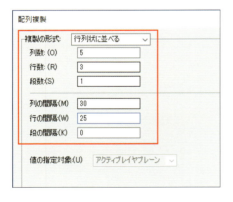 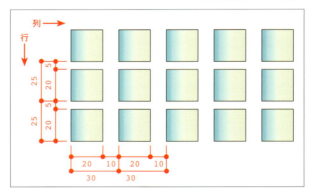

円弧状に並べる

任意の図形を作図し、「編集」メニューから「配列複製」を選択します。

「配列複製」ダイアログが表示されます。「複製の形式」を「円弧状に並べる」、「複製の数」を「7」、「複製の角度」を「45」、「円の中心点」を「次にマウスクリックする点」に設定します。さらに、「回転しながら複製」にチェックを入れ、「複数の角度を使用」をオンにします。設定後「OK」をクリックします。

「次にマウスクリックする点」として図のように、円の中心でクリックすると、選択した図形が、円弧状に複製配置されます。

図形を回転せずに配列複製をするには、「回転しながら複製」のチェックをはずします。「次にマウスクリックする点」として、円の中心でクリックすると、選択した図形が、回転をせずに円弧状に複製配置されます。

> **HINT**
> 右回りに回転複製するには、「複製の角度」に「-」(マイナス)を付けて入力します。

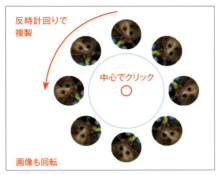
「回転しながら複製」をチェック

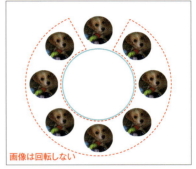
「回転しながら複製」のチェックをはずす

1-6 図形の加工編集

基本パレットとコンテキストメニュー

基本パレット

基本パレットの下枠部は、作図した図形の加工編集を行うことができます。

コンテキストメニュー

コンテキストメニューは、図形の有無で表示するメニューが変わってきます。メニューは、右クリックすると表示されます。

図形がない場所で右クリック

図形の上で右クリック

基本パレット【変形ツール】

●ショートカット：-（マイナス）キー

「頂点移動」モード

変形ツールの「頂点移動」モードは、図形の頂点をつかんで図形を変形することができます。なお、四角形を頂点移動モードで頂点を変形すると、形状が多角形に変換されます（データパレットで確認できます）。

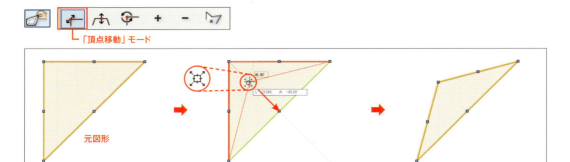

「辺の平行移動」モード

「辺の平行移動」モードは、1辺を平行移動したい時に便利です。こちらもマウスで頂点をつかんで移動します。

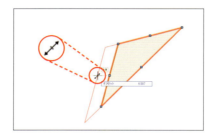

「頂点変更」モード

「頂点変更」モードは、頂点の形状を変更するモードです。5種類のオプションモードが用意されています。図は、角オプションから、ベジェスプライン曲線オプションに頂点を変更する様子です。

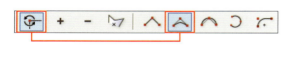
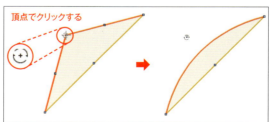

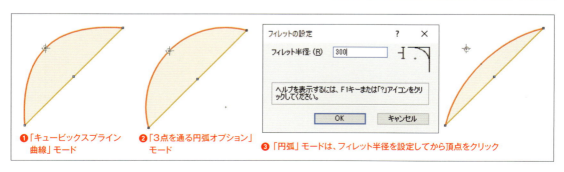

❶「キュービックスプライン曲線」モード　❷「3点を通る円弧オプション」モード　❸「円弧」モードは、フィレット半径を設定してから頂点をクリック

「頂点追加」モード

「頂点追加」モードは、頂点を追加しながら、曲線オプションを選択して変形します。

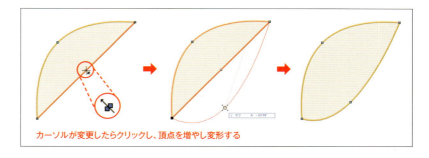

「頂点削除」モード

「頂点削除」モードは、削除可能な辺の頂点でクリックすると頂点が削除されます。

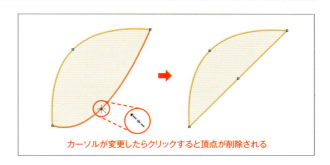

「辺の表示／非表示」モード

非表示にしたい辺の頂点でクリックすると、辺の表示をしていた線が非表示になります。

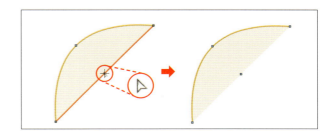

基本パレット【回転ツール】

図形の回転を紹介します。

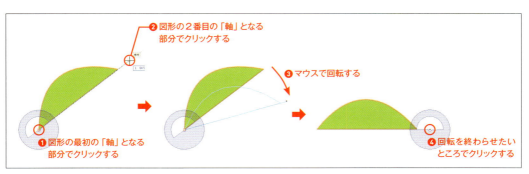

基本パレット【ミラー反転ツール】

図形のミラー反転を紹介します。

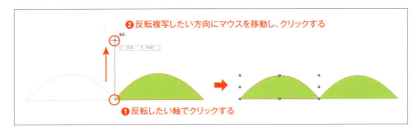

基本パレット【オフセットツール】

オフセットする図形を選択し、データバーに距離を入力してクリックします。

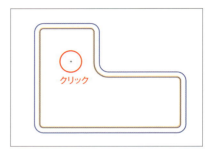

> ⚠ **CAUTION**
> 外側にオフセットする場合、図形に面が付いていると一回り大きい面の付いた図形が表示されるため、オフセットされた結果がわかりづらいので、面をなしにしてからオフセットを実行しましょう。

基本パレット【消しゴムツール】

「消しゴム」モードを紹介します。

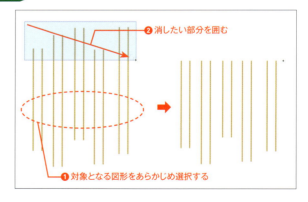

> ⚠ **CAUTION**
> 「消しゴム」モードの実行中は、アクティブハンドルが非表示になりますが、そのまま囲みましょう。

「逆消しゴム」モードを紹介します。

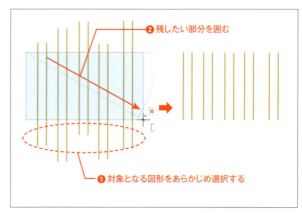

基本パレット【パス複製ツール】

複製の数と距離をマウスクリックで指定したい場合は、パス複製ツールが便利です。

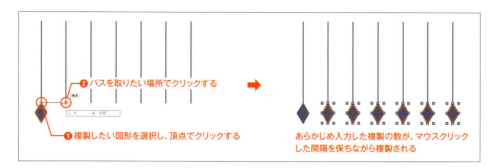

貼り合わせ

2つ以上の重なり合った面図形を1つの図形に加工します。貼り合わせの実行は2通りの方法で実行できます。1つは図形を選択し、図形の上で右クリックし実行する方法で、もう1つは図形を選択し、「加工」メニューから実行する方法です。

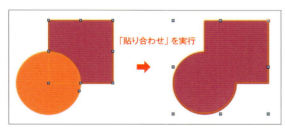

切り欠き

重なり合った図形を切り欠きます。図のように、後から描いた図形がカッターの役目をします。「貼り合わせ」と同様に、2通りの方法で実行できます。

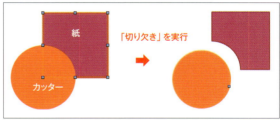

前後関係

●ショートカット：[Ctrl]（Mac：[⌘]）+ [F] キー／[B] キー

前述の切り欠きは、この前後関係を利用して前後関係を変更すると結果も変わってきます。前後関係を変えたい図形の上で右クリックします。

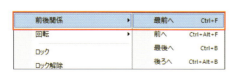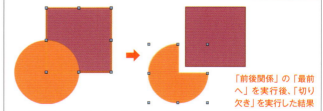

整列

●ショートカット：[Ctrl]（Mac：[⌘]）+ [@] キー

複数の図形を一定の基準に従って整列します。右クリックのコンテキストメニューからの実行と、「加工」メニューからのコマンドの実行では、整列の結果が異なります。

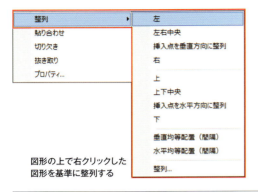

図形の上で右クリックした図形を基準に整列する

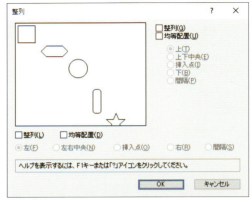

選択した図形と、整列の条件で基準になる図形が異なる

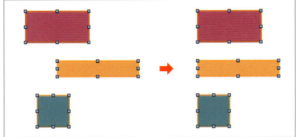

回転

●ショートカット：[Ctrl]（Mac：[⌘]）+ [L] キー（左90°）

図形の回転を紹介します。

❶ 図形の最初の「軸」となる部分でクリックする
❷ 図形の2番目の「軸」となる部分でクリックする
❸ マウスで回転する
❹ 回転を終わらせたいところでクリックする

回転（反転）

●ショートカット：[Ctrl]（Mac：[⌘]）＋[Shift]＋[H]キー

　図形の回転（反転）は、同一の場所において反転します。水平反転は左右に、垂直反転は上下に反転します。

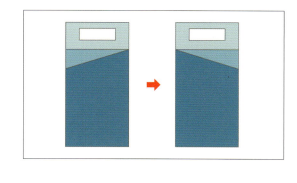

グループ

●ショートカット：[Ctrl]（Mac：[⌘]）＋[G]キー

　複数の図形を１つにまとめるにはグループ化を使います。「加工」メニューから「グループ」を選択します。

HINT
グループ図形を編集する場合は、グループ図形をダブルクリックすると個々の図形の編集ができます。

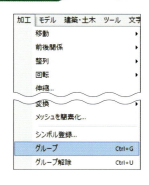
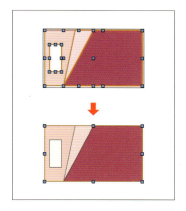

図形の等分割

　図形の等分割は、四角形、円、円弧、直線の４種類の図形の等分割を実行するコマンドです。図形を選択し、「加工」メニューから作図補助の「図形を等分割」コマンドを選択します。

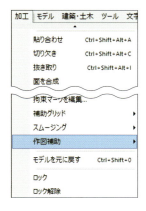

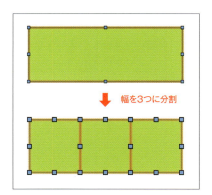

「幅」：分割した図形が横に並ぶ
「高さ」：分割した図形が縦に並ぶ

035

属性パレット

属性パレットではVectorworksの特徴を活かした右の設定ができ、ほかのCADでは成し得ない彩り豊かな表現が可能になります。

- 面のカラー
- 線のカラー
- 模様
- ハッチング
- タイル
- グラデーション
- イメージ
- ラインタイプ
- 不透明度
- マーカーの種類

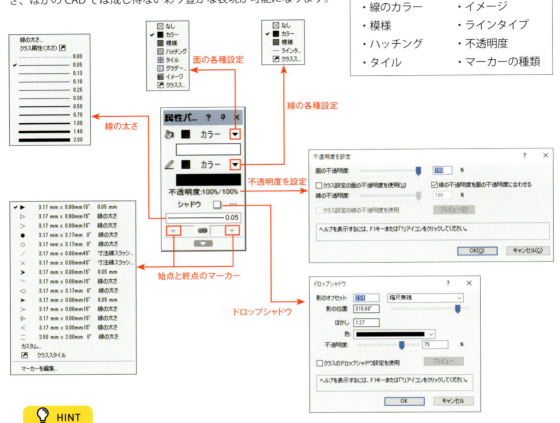

HINT

属性パレットのリソースセレクタと、リソースマネージャの酷似

2017のバージョンから、新たにリソースマネージャ（旧リソースブラウザ）が加わりました。属性パレットからサンプルがビジュアルで見えていたのがその表示がなくなり、代わりにリソースマネージャと同じようなパレット「リソースセレクタ」が表示され、ファイル名が一覧で表示されるため、選択方法の操作で混乱してしまうのがこの属性パレットのサンプル表示画面になります。しかし、この仕組みを理解すれば旧バージョンの時に気が付きにくかったサンプルが一目瞭然になり、見やすく、選びやすくなりました。見たいサンプルを選択すると、中央部分にサンプル一覧が表示されます。

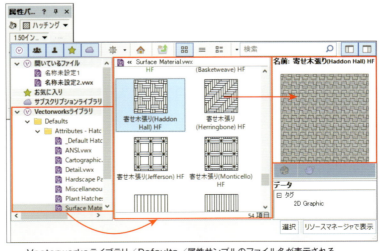

Vectorworksライブラリ／Defaults／属性サンプルのファイル名が表示される

カラーパレット

　属性パレットの線または面のカラーボックスをクリックすると、カラーパレットセットが表示されます。カラーパレットセットには、選択可能なカラーが表示されます。初期設定では、新規のファイルのカラーは白と黒のみですが、カラーパレットセット下部の「クラシック」「スタンダード」をクリックすると、カラーパレットが表示され、さまざまな色を選択できます。また、カラーパレットマネージャを開けば、世界標準のPANTONE（R）やMunsell colorsystem など、さらに数多くのカラーを使用することができます。

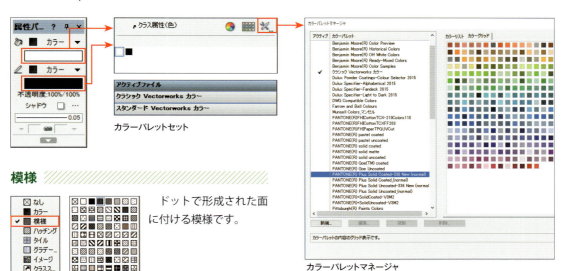

カラーパレットセット　　　　　　　　　　　　　　　カラーパレットマネージャ

模様

ドットで形成された面に付ける模様です。

ハッチング

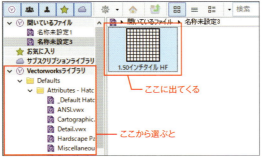

尺度に合わせて平行な線を設定します。初期設定ではインチサイズのサンプルが搭載されています。

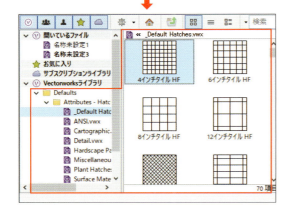

ここに出てくる

ここから選ぶと

タイル

図形を組み合わせて設定します。標準搭載されているサンプルも豊富です。

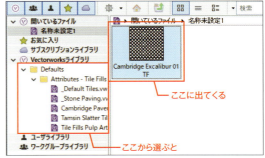

ここに出てくる

ここから選ぶと

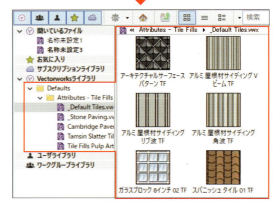

グラデーション

図形にグラデーションを貼ることができ、2D図形を立体的に見せたり、陰影を表現したり、カラーの表現が多彩になります。

イメージ

実画像を取り込み、図形に画像を貼り付けることができます。タイル調に繰り返したり、一枚の絵として使用したりします。

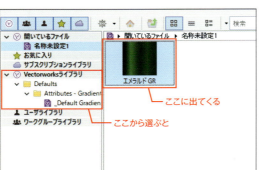

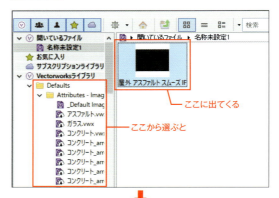

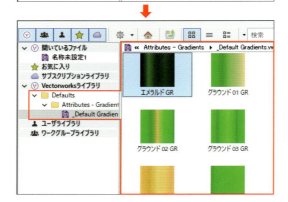

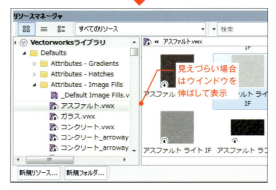

ラインタイプ

破線や一点鎖線など標準搭載で数多くのサンプルが入っています。

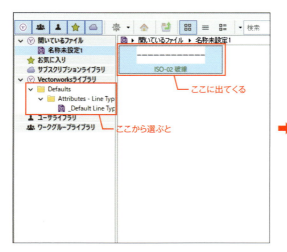

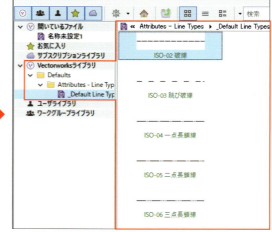

データライブラリについて

ファイルの閲覧

登録したシンボルや、別のファイルで取り込んだオブジェクトを現在のファイルに使用したい場合は、リソースマネージャから閲覧して取り込みができます。

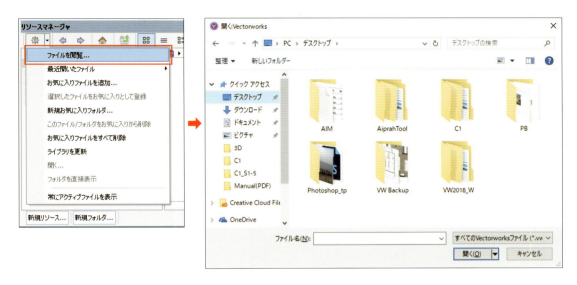

オプションライブラリ（ダウンロード）

Vectorworksライブラリに表示されているオブジェクトをその都度ダウンロードする方法や、一括でダウンロードする方法などがあります。一括でダウンロードする場合は、「ヘルプ」メニューから「オプションライブラリ（ダウンロード）」を選択すると、さまざまなライブラリの一括ダウンロードを指定して実行できます。

SECTION
02 図面の作成

ここでは、Vectorworksを始めたばかりでも、インテリアコーディネートを進めるうえで必要な作業をマスターしていきます。ホテルの1室プランをモチーフに、平面図と展開図を作成する際のポイントを解説します。

作例完成イメージ

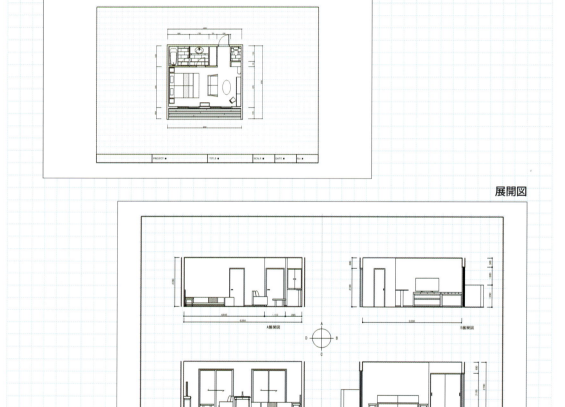

平面図

展開図

作図を始める前に行う作業として、用紙の設定、縮尺の設定、寸法線の設定、レイヤの設定があります。これらの作業は新規ファイルを作成するたびに行う必要があります。作図をするうえで決まったスタイルや定型のフォーマットがある場合は、各項目を設定後、テンプレートとして保存しておくと、次回からそのテンプレートを開き、設定済みの新規ファイルを使用できるので、大変便利です。毎回の設定作業の手間を軽減することができるうえ、複数のスタッフで作業する場合は、書き方のルールを定めることができるので管理もしやすくなります。

2-1 作図の準備

用紙の設定

A3 横サイズ・縮尺 1:50 のテンプレートを作成します。最初に印刷したい「用紙サイズと向き」を設定します。

1 新規ファイルを開いて「ファイル」メニューから「用紙設定」を選択します。

2 「用紙設定」ダイアログの「プリンター設定」をクリックします。

3 「印刷」ダイアログで「用紙」の「サイズ」から「A3」を選択し「印刷の向き」の「横」を選択して、「OK」をクリックします。

用紙サイズがない場合

プリンタードライバがない場合の仮設定

A4 プリンターで A3 サイズを分割印刷する場合は、「用紙設定」ダイアログで「用紙の大きさ」の「サイズを選択」にチェックを入れ、「サイズ」で実際に作図する用紙の大きさ(ここでは「ISO A3」)を指定します。分割される範囲を確認するため、「用紙境界を表示」にチェックを入れます。用紙全体で見ると、A4 で分割して印刷する範囲の境界線がグレーで表示されます。「ISO A3」サイズを A4 用紙で印刷する場合、6 枚で分かれた状態で出力されます。その分割部分が図形の描かれていない余白であっても、印刷枚数としてカウントされます。

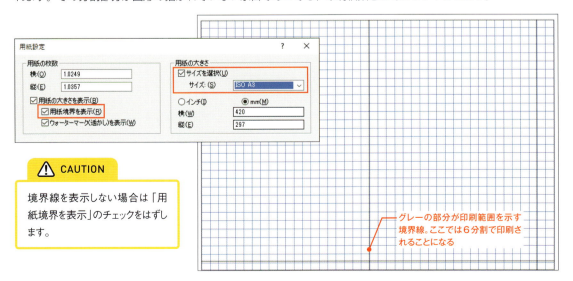

⚠ **CAUTION**
境界線を表示しない場合は「用紙境界を表示」のチェックをはずします。

グレーの部分が印刷範囲を示す境界線。ここでは6分割で印刷されることになる

A3対応のプリンターを持っていない場合

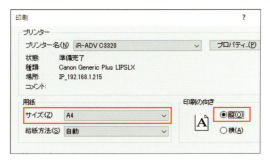

1 「印刷」ダイアログで「用紙」の「サイズ」で「A4」を選択し、「印刷の向き」を「縦」にして「OK」をクリックします。

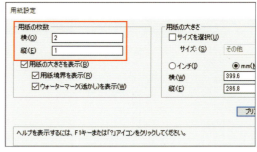

2 「用紙設定」ダイアログに戻り、「用紙の枚数」を「横：2」「縦：1」にすると、A4サイズの縦の用紙を横に2枚並べて印刷する設定に変わります。

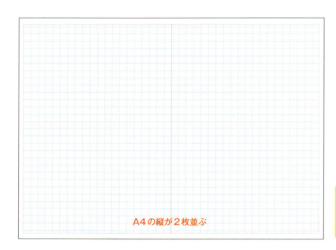

A4の縦が2枚並ぶ

> ⚠ **CAUTION**
> 印刷可能範囲は、プリンターの種類や「フチなし印刷」などの設定によって異なります。

線の太さ設定

作図の内容に合わせて、太線、中線、細線を使い分けます。それぞれの線の太さはカスタマイズできます。

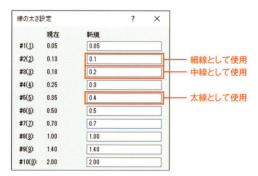

1 「ツール」メニューから「オプション」→「線の太さ」を選択します。「線の太さ設定」ダイアログの「新規」の入力欄に、使用する線の太さを入力します。単位は「mm」です。10種類の線がリストに表示できます。ここでは「細線」を「0.1」、「中線」を「0.2」、「太線」を「0.4」とします。

2 設定した線の太さは「属性パレット」に一覧表示されます。

レイヤ設定

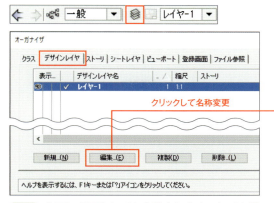

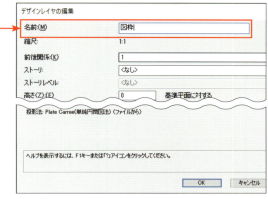

1 作図に必要なレイヤを設定します。レイヤ設定は「ツール」メニューから「オーガナイザ」を選択し、「オーガナイザ」ダイアログの「デザインレイヤ」を表示するか、表示バーの「レイヤ」アイコンをクリックします。

2 「デザインレイヤの編集」ダイアログの「名前」を「図枠」に変更して、「OK」をクリックします。

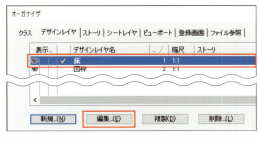

3 「オーガナイザ」ダイアログの「新規」ボタンをクリックし、レイヤ名を「床」と入力し「OK」をクリックします。

4 床レイヤの縮尺を変更します。「オーガナイザ」ダイアログの「編集」ボタンをクリックし、「デザインレイヤの編集」ダイアログの「縮尺」ボタンをクリックします。

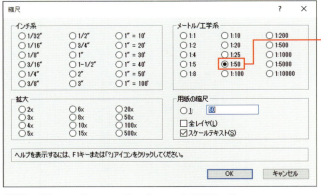

5 「縮尺」ダイアログの「1:50」を選択し「OK」をクリックし、デザインレイヤに戻ります。

> 💡 **HINT**
>
> 「縮尺」リストに該当する縮尺率がない場合は、入力欄に直接数値を入力します。

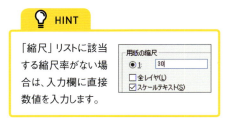

そのほかのレイヤの設定

同様の手順で、残りのレイヤを作成します。新しいレイヤは、現在選択しているレイヤの上層に作成されます。

1 「床」レイヤを選択して、「新規」をクリックし、「家具」レイヤを作成します。続けて、「壁・建具」「基準線」「寸法」「文字・タイトル」を作成します。レイヤの順番は図を参考にしてください。設定後「OK」をクリックして「オーガナイザ」ダイアログを閉じます。

> **HINT**
>
> レイヤの順番を入れ替えるには、デザインレイヤ右隣にある「前後関係」を上下にドラッグするか、「デザインレイヤの編集」ダイアログで「前後関係」の数値を変更します。
>
>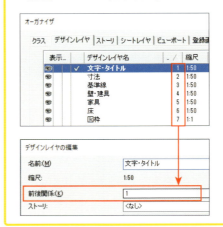

COLUMN

平面図のデータを利用して、天井伏図を作成します。ここでのポイントは、レイヤの使い分けです。レイヤ表示の組み合わせを画面登録することにより、平面図用・天井伏図用などを目的に合わせて瞬時に切替えて使用することが可能になります。照明器具はシンボルを配置します。また、「ワークシート」を使用することにより、自動でシンボル図形の数を計算できるようにして、表計算機能を使用して器具リストを作成します。器具の数に変更がある場合などは「再計算」で簡単に修正できます。

躯体図

家具配置提案

配灯図

クライアントプレゼンテーション用

図枠の作成

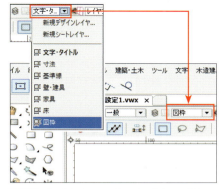
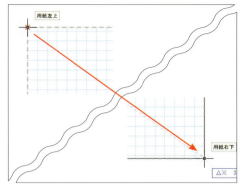

1 作成したレイヤの切替えは「表示バー」のレイヤ名一覧をクリックしアクティブにしたいレイヤを選択します。

2 画面の「用紙左上」のスクリーンヒントが表示されたらクリックし、「用紙右下」とヒントが出たら再度クリックして、図枠を用紙一杯に作図します。

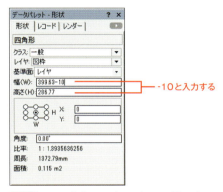
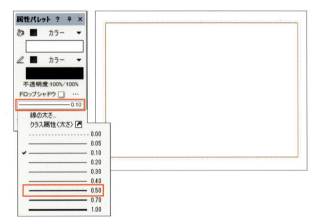

3 図の赤丸の9個の点は、描いた四角形の軸点を指定できます。ここでは、四角形の中心を軸として、四角形を一回り小さくします。データパレットの「幅」の数値の後ろに「-10」と入力し[Tab]キーを押し、続けて「高さ」の数値の後ろにも「-10」と入力し[Enter]キーを押します。

4 図枠にする線の太さを「0.5」に変更します。

5 「属性」パレットの面属性の▼マークをクリックし「なし」を選択します。

タイトル欄の作成

表示バーの画面操作

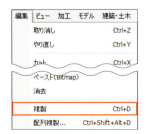

1 「編集」メニューから「複製」を選択します。

> 💡 **HINT**
> 複製がずれてしまったら、「ツール」メニュー「オプション」→「環境設定」の「描画」の「ずれを伴う複製」のチェックをはずします。

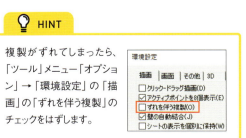

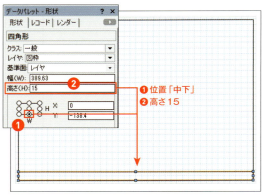

2 複製した図形をデータパレットから、位置を「中下」「高さ」を「15」に変更して［Enter］キーを押します。

3 「加工」メニューから「作図補助」→「図形を等分割」を選択します。

4 「図形を等分割」ダイアログが表示されたら「四角形の分割数」の「幅の分割数（W）」に「4」、「高さの分割数（H）」に「1」と入力し「OK」をクリックします。

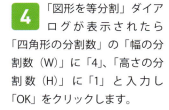

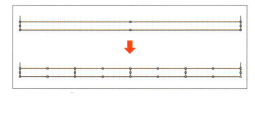

5 同様に一番右隅の枠を三分割にします。

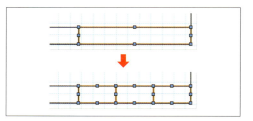

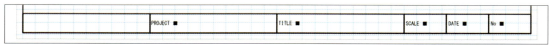

図枠項目完成イメージ

6 作成した枠にタイトルを入力します。文字入力は基本パレットの文字ツールを使います。アイコンをクリックするとカーソルが点滅するので文字を入力することができます。「PROJECT ■」と入力します。

7 次にデータパレットの「水平方向位置揃え」を「左よせ」に、「垂直方向位置揃え」を「中央揃え」にします。文字の基点が変更されました。

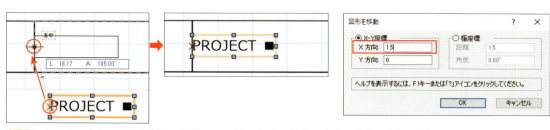

8 文字の基点をつかみながら、図枠の項目枠の左中に移動します。移動できたら「加工」メニューの「移動」→「移動」を選択し、「X方向」に「1.5」と入力し「OK」をクリックします。

9 同じフォント、大きさを保ったままタイトルを効率よく配置する方法があります。文字の左中（先ほど基点にした場所）が＋に変わったら［Ctrl］キー（Mac：［option］キー）を押しながら右隣の枠の左中に配置し、文字を変更します。移動コマンドでX方向に「1.5」mm移動しておきます。文字の上でダブルクリックすると自動的に文字ツールに切替わります。

10 そのほかの方法も紹介します。均等な枠が複数ある場合は、基本パレットにある「ポイント間複製」が便利です。

❶「移動」モードを選択する
❷「図形保持」モードをオンにする
❸ 複製の数を入力する
❹ 元図形がある図枠左下でクリックする
❺ 複製したい図形の左下でクリックする

フォント、大きさ、配置する場所を保ったまま複製できます。

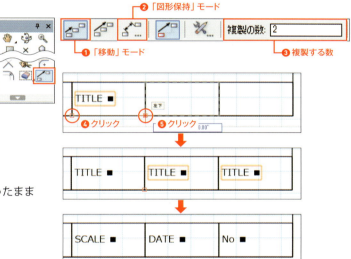

寸法線の設定

　Vectorworksでは、寸法のとめ（マーカー）に黒丸（●）が入っていないため、デフォルトの寸法線をカスタマイズします。カスタムでオリジナルの寸法規格を作成する方法を解説します。

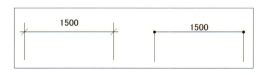

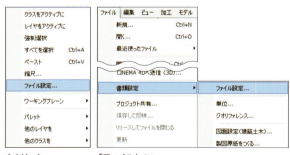

1 「ファイル」メニュー「書類設定」→「ファイル設定」を選択し、「寸法」タブに切替え、「寸法規格」の「カスタム」を選択します。

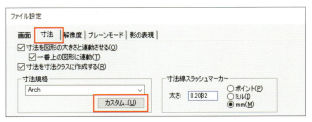

2 「寸法のカスタマイズ」ダイアログの「新規」をクリックし、名称を付けます。

3 規格の名前の次に「編集」ボタンをクリックします。

4 「カスタム寸法規格の編集」ダイアログが表示されたら、「寸法補助線の長さを固定」にチェックを入れます❶。ダイアログ左上の入力欄を「0.1」「0」「0」「7」に修正します❷。「直線のマーカー」ポップアップメニューから「カスタム」を選択します❸。

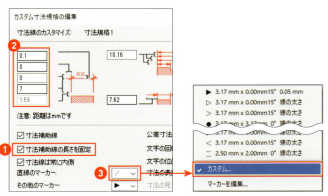

5 「マーカー編集」ダイアログの「基本形状」を「●丸」、「面」を「線の色」、「長さ」と「幅」をともに「0.8」にして「OK」をクリックします。続けて「寸法のカスタマイズ」ダイアログの「OK」をクリックします。

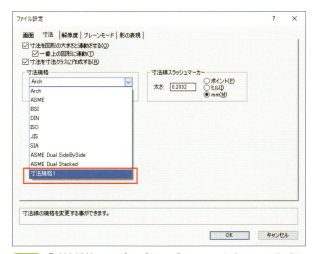

6 「寸法規格」のポップアップメニューからここで作成した寸法規格を選択して「OK」をクリックします。

寸法線の引き方について

カスタマイズが終わったら、寸法線の引き方について説明します。

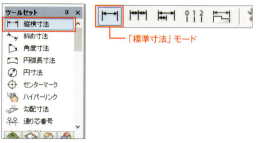

1 ツールセットを「寸法／注釈」に切替え、縦横寸法ツールを選択します。1箇所の寸法を引きたい場合は「標準寸法」モードを選択します。

2 寸法線を引きたい始点でクリックします。

3 終点でクリック、マウスを動かし、寸法を表示したい場所でクリックして終了します。

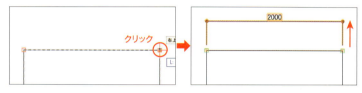

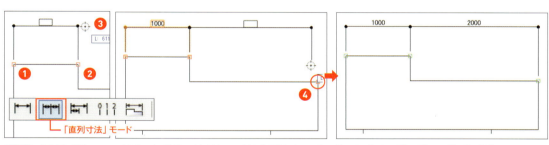

4 「直列寸法」モードは、部分的に連続して寸法を引きたい時に使用します。❶〜❸は「標準寸法」モードと同様の操作です。次に引きたい図形の端点でダブルクリックして終了します❹。

寸法補助線の長さについて

　寸法規格では、寸法補助線の長さを図形との距離を指定する方法と、引き出し線の長さを固定する方法の2種類が用意されています。「カスタム寸法規格の編集」ダイアログの「寸法補助線の長さを固定」のチェックをオン／オフすると、上のボックスに入力できる項目が連動します。

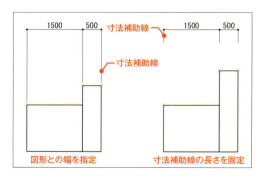

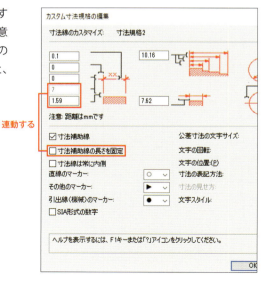

記入後の寸法スタイルの変更方法

既に入力した寸法のスタイルを変更したい場合は「寸法のカスタマイズ」ダイアログの「置き換え」を選択し、「寸法規格の置き換え」ダイアログで、変更前と変更後の寸法規格を指定して、「OK」をクリックします。

または、変更する寸法線を選択し、データパレットの「寸法規格」から変更後の寸法スタイルを選択して切替えます。

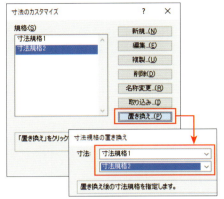

データパレットからも変更可能

テンプレートとして保存

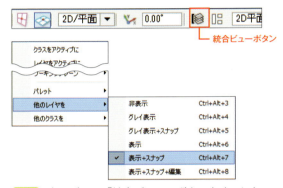

統合ビューボタン

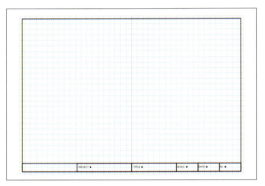

1 表示バーの「統合ビュー」ボタンをオフにします。右クリックして「他のレイヤを」→「表示＋スナップ」を選択しておきます。

2 すべての準備が整ったので、テンプレート保存を実行します。

3 ここまでの設定をテンプレートとして保存します。「ファイル」メニューから「テンプレート保存」を選択します。保存先は「Program Files」→「VW2018」→「Libraries」→「Defaults」→「Templates」フォルダが指定されているか確認し、ファイル名を「A3 横」にして「保存」ボタンをクリックします。

4 テンプレートを開くには、「ファイル」メニューから「新規」を選択します。「用紙の作成」ダイアログの「テンプレートを使用」をオンにし、ポップアップメニューから「A3 横 .sta」を選択して、「OK」をクリックします。

2-2 平面図の作成 — 基本操作の活用

作例完成イメージ

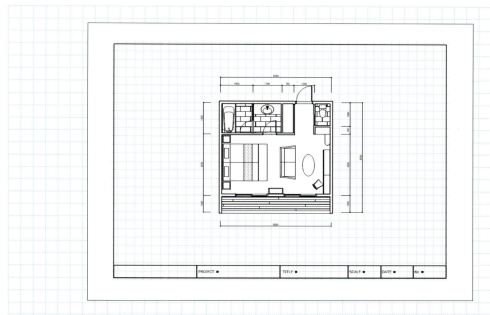

ホテル客室の平面図を作成しながら、CADの基本的な作図の流れを練習します。レイヤの切替えや、太線、中線、細線の使い分け、スナップ、基本パレットやツールセットを活用し、家具の作成やレイアウトを行います。Vectorworksの初心者でもここまで作成できることを実感してください。

テンプレートを開く

> **REFERENCE**
> 「Chapter1」の「2-1 作図の準備」でテンプレート作成・保存を行っていない場合は「Chapter01」フォルダ→「01_C1_A3横.sta」を使用してください。

1 「ファイル」メニューから「新規」を選択し、「用紙の作成」ダイアログの「テンプレートを使用」に切替え「A3横.sta」を選択し「OK」をクリックします。

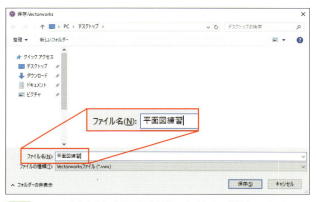

2 テンプレートが開いたら、ファイル名を付けて保存します。「ファイル」メニューから「保存」を選択します。

3 ファイル名は「平面図練習」と付け、「保存」をクリックします。

4 アクティブなレイヤを「基準線」に切替えます。

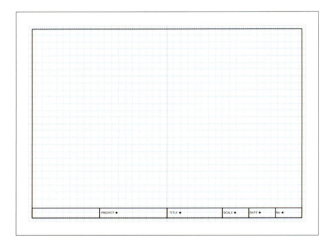

グリッドの設定

1:50 の縮尺では、図枠レイヤ以外はグリッドが見えなくなります。頻繁に作業するレイヤの縮尺に合わせたグリッド設定をします。

1 平面図の作図がしやすいようにグリッド間隔を変更し、画面上にグリッドが見えるようにします。

2 スナップパレットの「グリッドスナップ」をダブルクリックします。「スナップグリッド」の「X」を「20」、「レファレンスグリッド」の「X」を「500」にします（1:1 の時に見えていたグリッドの大きさと同じ見え方にするため、1:50 の縮尺の 10 倍で設定しました）。

> 💡 **HINT**
>
> グリッド設定は、自由に設定ができるので、作業上必要なモジュール（910スパンや1000スパンなど）を設定することで、グリッドの数を追いながら空間の大きさやレイアウトの検討作業に使用することもできます。

基準線の作成

壁の基準線を作成します。完成図を参考に手順を追って解説します。また、のちの作業がしやすいように、基準線の色を赤色に、線の種類を一点鎖線に変更して作図をします。

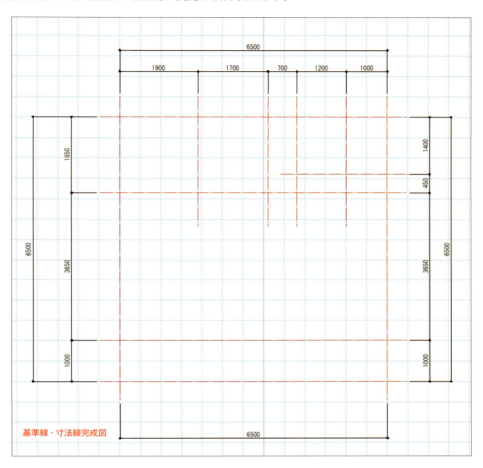

基準線・寸法線完成図

1 基本パレットから「直線」を選択し、用紙の中心から左に6マスあたりに直線を縦に作図します。

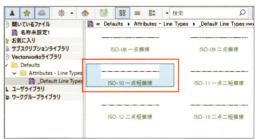

2 属性パレットの「線」を「ラインタイプ」に切替え、線種を「ISO-10 一点短鎖線」に変更します。

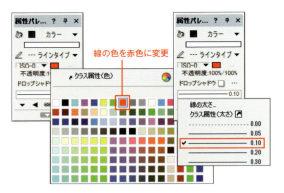
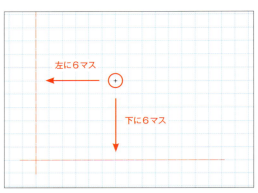

3 続けて、「ラインタイプ」「線の色」を「赤色」に変更し、「線の太さ」を「0.1」にします。

4 図を参考に用紙中心から左に6マス、下に6マスあたりに縦と横の基準線を作図します。

5 「編集」メニューから「複製」を選択します。続けて「加工」メニューから「移動」→「移動」を選択し、X方向に「6500」と入力し「OK」をクリックします。

ショートカットキーを使って複製と移動をする

複製と移動の操作が慣れてきたところで、ショートカットキーの紹介をします。よく使うコマンドは、ショートカットキーを使うと大変便利です。初めは頭でショートカットキーを思い浮かべてしまうと思いますが、気が付かないうちに、手が自然にショートカットキーを実行するようになるでしょう。

- 複製：[Ctrl]（Mac：[⌘]）+ [D] キー
- 移動：[Ctrl]（Mac：[⌘]）+ [M] キー
- 回転：[Ctrl]（Mac：[⌘]）+ [L] キー
- ダイアログ内の移動：[Tab] キー
- ダイアログを確定：[Enter] キー

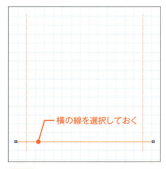
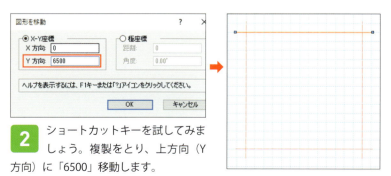

1 横の通り芯を選択します。

2 ショートカットキーを試してみましょう。複製をとり、上方向（Y方向）に「6500」移動します。
複製：[Ctrl]（Mac：[⌘]）+ [D] キー
移動：[Ctrl]（Mac：[⌘]）+ [M] キー

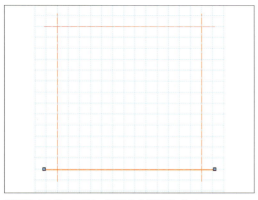

3 再び、下部の通り芯を選択します。

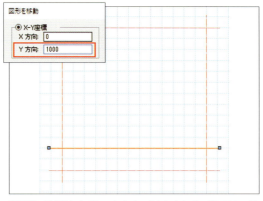

4 複製をとり、上方向（Y方向）に「1000」移動します。

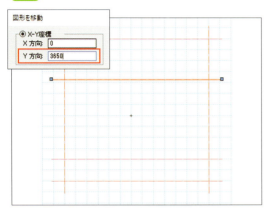

5 移動した通り芯が選択された状態で、再び複製をとり、上方向（Y方向）に「3650」移動します。

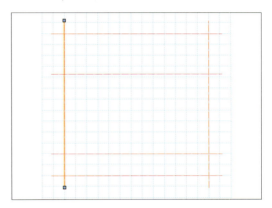

6 縦の通り芯を選択します。

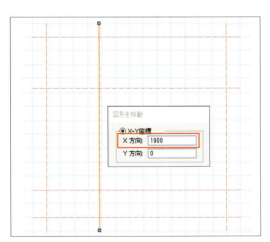

7 選択した縦線を複製して、右方向（X方向）に「1900」移動します。

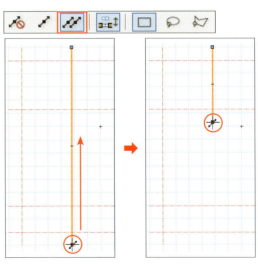

8 セレクションツールに戻し、縦線の端部にカーソルを近づけ「リサイズカーソル」になったらマウスをクリックして図を参考に長さを変更します。

9 リサイズした図形が選択されている状態で、複製をとります。［Ctrl］（Mac：［⌘］）＋［D］キーを押し、続けて［Ctrl］（Mac：［⌘］）＋［M］キーで、短くした直線を右方向に「1700mm」移動します。

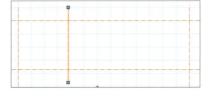 

10 今移動した直線を、再び複製を実行して右方向に700mm移動します。

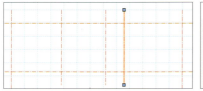  

11 続けて同様の操作で、図形の複製と右方向に「1200mm」移動を実行します。

12 複製と移動を繰り返して、効率的に通り芯を追加できました。

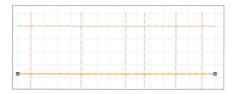 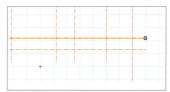 

13 続いて、横に引かれている寸法を利用して、縦方向に通り芯を追加します。いま縦線を複製した図形の上から2番目の横線を選択し、複製と移動をします。移動方向はY方向（縦）に「450」です。

14 複製をとった横線の図形を図を参考に、任意の長さでリサイズします。

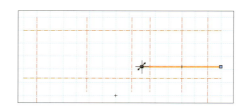

寸法の表示

次は寸法の作成をします。

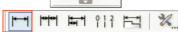

1 アクティブレイヤを「寸法」に切替え、寸法表示の文字の大きさを変更します。図形が何も選択されていない状態で、「文字」メニューから「サイズ」を「9」に変更します。

2 ツールセットパレットから「寸法／注釈」タブを選択し、「縦横寸法」アイコンをクリックします。

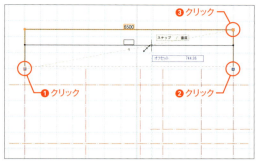

3 端点が表示されたらクリックし❶、もう一方の端点でクリックし❷、寸法を表示する場所までマウスで移動しクリックします❸。

5 続けて、部分寸法を記入します。縦横寸法ツールのモードを「直列寸法」モードに変更します。始めに通り芯の端点でクリックし❶、次に測りたい通り芯の端点でクリックし❷、寸法を記入する位置にマウスで移動してクリックし❸、測りたい通り芯の端点でクリックしながら❹、最後に図る位置でダブルクリックして終了します。

4 横の全体寸法が引けました。

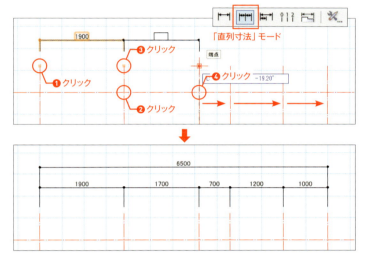

壁の作成（仕組み）

「壁・建具」レイヤに切替えます。

壁ツールについて

壁ツールの特徴は、始点と終点があることです。壁ツールを作図し、壁が選択されている状態でそれを確認することができます。クリックして描き始める方向によって、始点と終点の位置が決まります。図のように、始点にはブルーのアクティブハンドルと方向を示す□▶マークが表示されます。

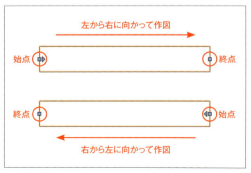

モードについて

壁ツールの作成モードには以下の4種類のモードが用意されています。

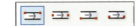

●赤い基準線の上を左から右に向かってマウスでなぞった場合のモードによる描画

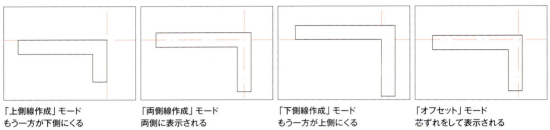

「上側線作成」モード　　「両側線作成」モード　　「下側線作成」モード　　「オフセット」モード
もう一方が下側にくる　　両側に表示される　　　　もう一方が上側にくる　　芯ずれをして表示される

オフセットについて

基準線をなぞり表示される壁の厚みが異なる場合、オフセットを使って作図します。例えば、壁の厚みが200mmで、左から右になぞった時、上側が150mm、基準線より下側が50mmにしたい場合を例にとって紹介します。

●壁の厚み200mmで上150mm、下50mm分に厚みを変更する場合のオフセットの違い

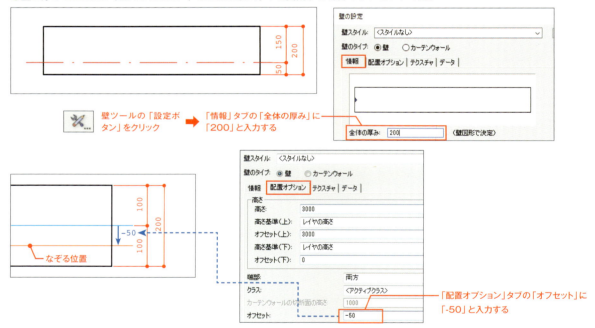

結合について

離れた壁は、壁結合ツールで結合できます。モードは3種類あります。

- T字結合
- 隅結合
- 交差結合

端の処理
- 包絡結合
- 突き合わせ結合

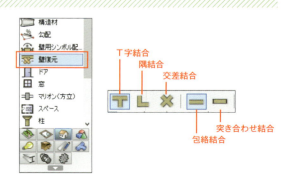

058

● T字結合

Tの文字の縦棒から横棒に向かってクリックする手順で結合します。

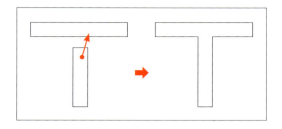

● 隅結合

どちらから選んでもL字になります。

● 交差結合

初めにクリックした側の壁が分割されます。

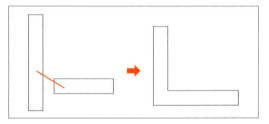

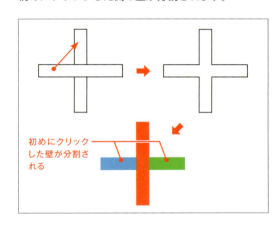

⚠ CAUTION

エラーが出る場合は、指定する方向に誤りがある（縦の方向を先にクリックしなかった）ことが考えられます。

部位が完全に交差していません。

💡 HINT

結合に失敗した場合や、結合をやめたい場合は、壁復元ツールを使用します。結合した壁を一部削除すると、結合部分に穴が開きますが、その部分を壁復元ツールで囲むことで補修することができます。

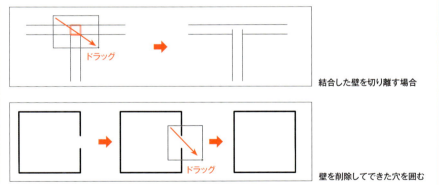

壁の作図

1 壁の太線を「0.4」に設定します。属性パレットから「線の太さ」「0.4」を選択します。

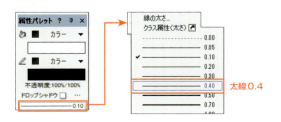

太線0.4

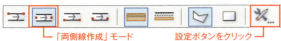
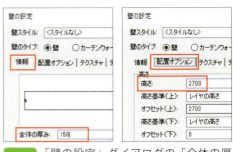

2 ツールセットの壁ツールを選択し、「両側線作成」モードを選択したら、続けて「設定ボタン」をクリックします。

3 「壁の設定」ダイアログの「全体の厚み」を「150」と入力し、「配置オプション」タブをクリックして「高さ」を「2700」と入力して「OK」をクリックします。

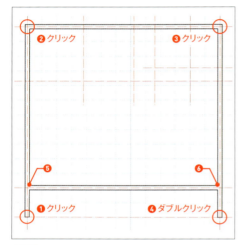
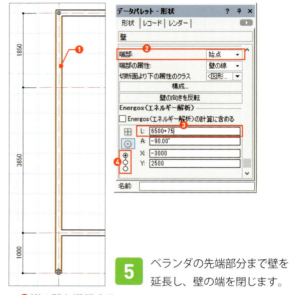

4 図のように基準線の交点をクリックしながら壁を作図します。壁の作図が終わったら、ダブルクリックで終了します。❺から❻は壁同士がぶつかるのでクリック＆クリックで作図をします。

5 ベランダの先端部分まで壁を延長し、壁の端を閉じます。

❶縦の壁を選択する
❷データパレットの「端部」を「始点」にする
❸軸に最上部を指定する
❹「L」に「6500+75」と入力する

壁の厚みは150mmなので、壁厚の半分、75mm延長したという意味になります。

6 反対側（向かって右側）の壁の端部は「終点」に切替え、壁を75mm延長します。

75mm延長した結果

ベランダ部分を作成する

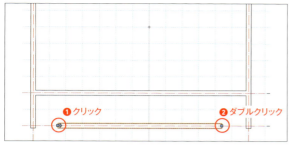

1. 図のように壁ツールを使ってベランダ部分の作図をします。次項の壁結合の紹介をしますので、あえて壁から離れた部分から基準線をなぞります。

2. ツールセットの「壁結合」から「T字結合」モードと「突き合わせ結合」モードを選択します。

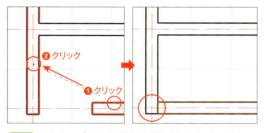
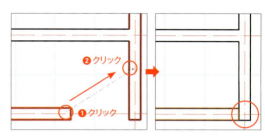

3. ベランダとなる壁から縦の壁をクリックして結合します。

4. 反対部分も結合します。

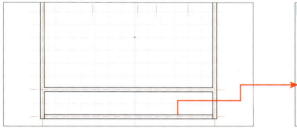

5. ベランダ部分の作図が完成しました。

6. ベランダ部分は3Dモデルを想定し、データパレットの「高さ」を「1200」に変更します。

室内の間仕切り壁を作成

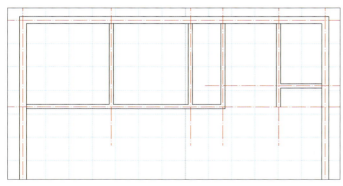

間仕切り完成参考図

1. 室内の間仕切り壁の厚みを90mmに変更します。「壁の設定」モードをクリックし、全体の厚みを「90」にして「OK」をクリックします。

2 「ツール」メニュー「オプション」→「環境設定」の「描画」タブにある「壁の自動結合」のチェックをはずします。

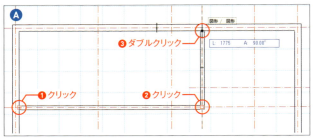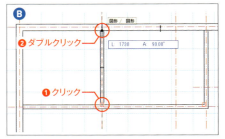

3 図🅐の❶でクリックし、❷でクリックし、終わらせたいところでダブルクリックします❸。同様に、ほかの間仕切り壁も図🅑の❶でクリックし、❷でダブルクリックで終了する操作をします。

4 図の部分も前図🅑同様に作図し完成させます。

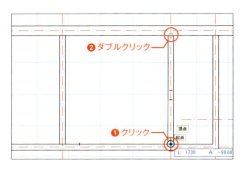

5 図の位置の壁を45mm延ばします。位置を最上部に指定し、「L」に「1850+45」と入力します。

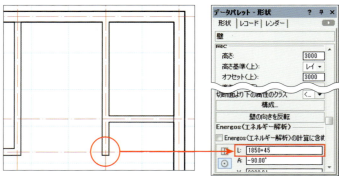

建具の配置

1 次は建具の配置をします。
建具の線の太さは中線の「0.2mm」で表現します。属性パレットの「線の太さ」を「0.2」変更します。

🔍 REFERENCE

Fundamentals版には、ドアや窓のツールがないので、翔泳社のサイトから「02_C1_建具と設備.vwx」をダウンロードします。ファイルを起動して閲覧操作方法を参照し、説明画面を一読したら、「ウインドウ」メニューで作業ファイルに切替え、リソースマネージャを「02_C1_建具と設備.vwx」に切替えて、必要な建具の上で右クリックして「取り込む」を選択します。

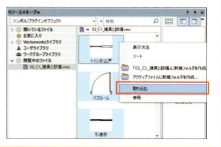

ドアの配置

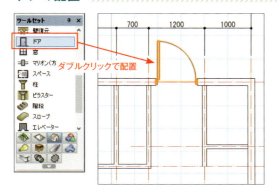
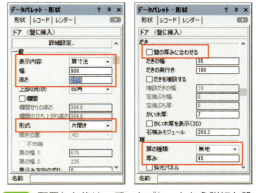

1 ツールセットの「建物」から「ドア」をクリックします。そのまま出入口の壁の上でダブルクリックします。壁の上にマウスを近づけると壁が赤くなります。赤くなったらダブルクリックで配置を終了します。

2 配置した後は、データパレットから詳細な設定を行います。

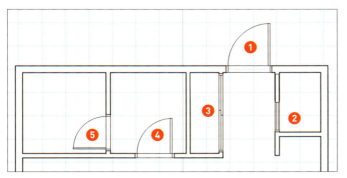

3 部屋の各ドアを設定します。

① 出入口ドア
② トイレドア
③ クローゼット引き違い戸
④ パウダールームドア
⑤ バスルームドア

① 出入口ドア

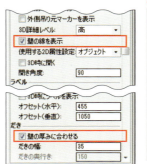

② トイレドア

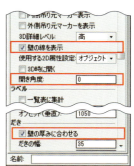

❸ クローゼット引き違い戸　　　　　　　　　❹ パウダールームドア

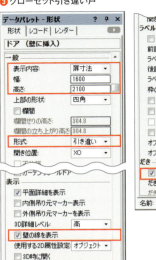 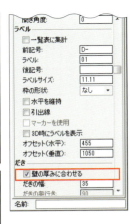 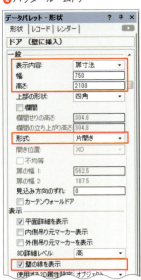 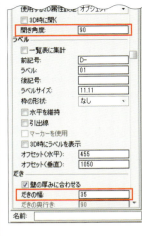

❺ バスルームドア

窓の配置

続けて窓の配置をします。

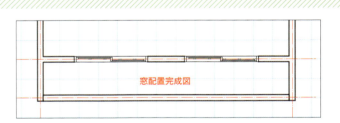

窓配置完成図

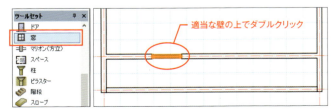 

1 ツールセットの「建物」の「窓」をクリックし、図のように適当な位置でダブルクリックして配置します。

2 データパレットの「詳細設定」をクリックします。

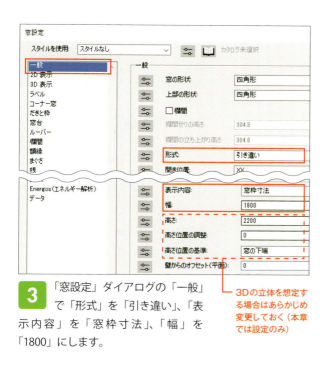

3 「窓設定」ダイアログの「一般」で「形式」を「引き違い」、「表示内容」を「窓枠寸法」、「幅」を「1800」にします。

3Dの立体を想定する場合はあらかじめ変更しておく（本章では設定のみ）

4 「窓設定」ダイアログの「2D表示」で「壁の線を表示」にチェックを入れます。

5 「窓設定」ダイアログの「だきと枠」で「壁の厚みに合わせる」にチェックを入れます。

窓の位置を設定する

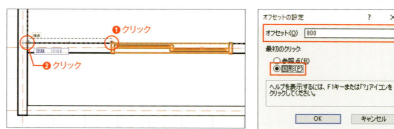

1 窓の位置を正確に配置したい場合は、データパレットから「位置を設定」を使って調整します。

2 始めにドア枠をクリックし、次に壁の隅をクリックします。「オフセットの設定」ダイアログが表示されたら、「オフセット」に「800」と入力し、「最初のクリック」を「図形」にして「OK」をクリックします。

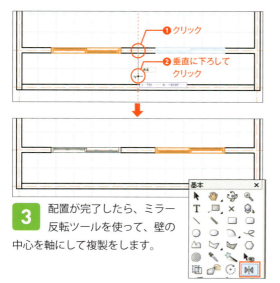
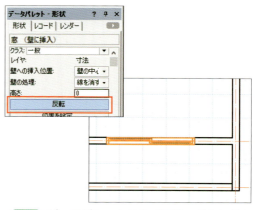

3 配置が完了したら、ミラー反転ツールを使って、壁の中心を軸にして複製をします。

4 データパレットから「反転」ボタンをクリックすると、窓の位置を変更できます。右のサッシが下になるように変更します。

065

床の作成

1 各部屋に床を作成します。アクティブなレイヤを「床」に切替えます。

2 四角形ツールを選択し、壁の内側から部屋を囲むように床を作成していきます。

3 すべての部屋に床を作成します。

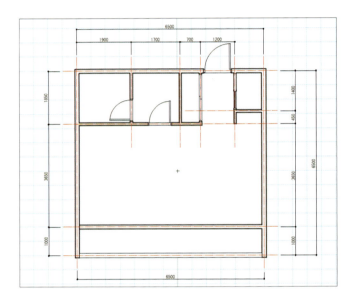

ファイルの閲覧とシンボルの取り込み

設備関連の部材は、あらかじめ作成しシンボル登録したシンボルを別のファイルから取り込み、再利用します。この方法により、作業効率を大幅できます。

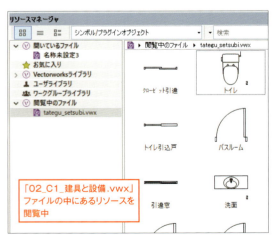

1 新規に「設備」レイヤを追加して、シンボルを取り込み、配置をします。翔泳社のサイトから「02_C1_建具と設備.vwx」をデスクトップにダウンロードして使用してください。

2 「02_C1_建具と設備.vwx」ファイルが開かれるのではなく、ファイルのリソースに収めてあるリソースの中身が閲覧できます。

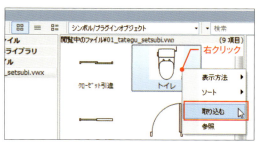
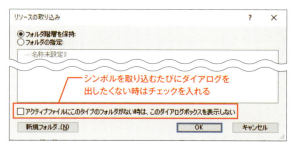

3 [Ctrl]キー（Mac：[⌘]キー）を押しながら、取り込みたいシンボルを選択し、右クリックで「取り込む」を選択します。

4 「シンボルの取り込み」ダイアログが表示されたら「OK」をクリックします。

5 作業中のファイルに取り込まれました。現在作業しているファイルのリソースを表示するには「リソースマネージャ」の「開いているファイル」から選択します。

> ⚠ **CAUTION**
> 旧バージョン（2016以前）のソフトを使用している場合は、「リソースブラウザ」という名称でした。ファイルを共有したり、閲覧する場合は、図の「ファイル」に収まっています。

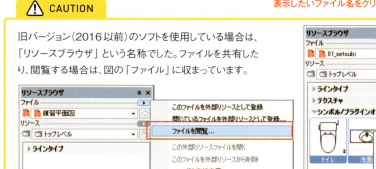
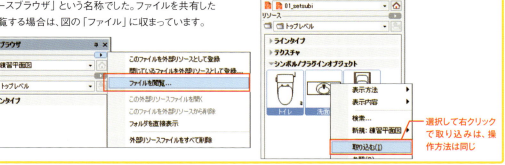

設備レイヤを追加する

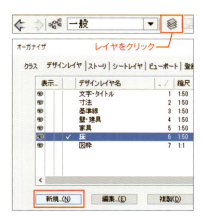

1 表示バーのレイヤボタンをクリックし「オーガナイザ」ダイアログの「デザインレイヤ」で「新規」をクリックします。

2 名称を「設備」と付けて「OK」をクリックします。

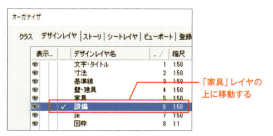

3 「設備」レイヤを「家具」レイヤの上に移動します。

4 リソースマネージャから、トイレのシンボルをダブルクリックし、トイレスペースでダブルクリックで配置します。

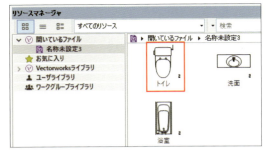
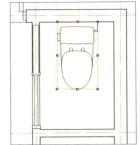

● **シンボルの配置方法について**

シンボルは、リソースマネージャでダブルクリックして選択後、1回目のクリックで場所を決定し、2回目のクリックの前にマウスを動かすと回転ができます。そのほか、リソースマネージャ上からドラッグ＆ドロップで配置することができます。その場合、配置のみで回転できません。

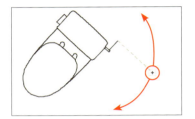

5 残りの浴槽と洗面のシンボルを配置します。

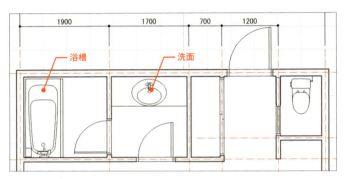

2-3　平面図の作成 ― 図形の編集と加工

作例完成イメージ

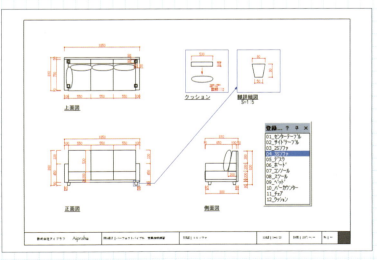

テンプレートファイル
「03_C1_家具練習.vwx」

　空間が完成したら、次は家具のレイアウトをします。ここでは、ただレイアウトをするのではなく、家具を実際に作成し、シンボル登録を行って配置をしながら、図形の編集や加工の機能を習得していきます。テンプレートファイルを開き客室に必要な家具を作成していきます。

テンプレートを開く

1 サンプルファイル「03_C1_家具練習.vwx」を開きます。

> **REFERENCE**
> 各サンプルファイル等は、翔泳社のサイトからダウンロードして作図練習の準備をしておいてください。

2 テンプレートファイルの左側に「登録画面」パレットが表示されています。名称の上でダブルクリックをするとテンプレートが切替わるようになっています。ここでは、「04_3Sソファ」をダブルクリックします。

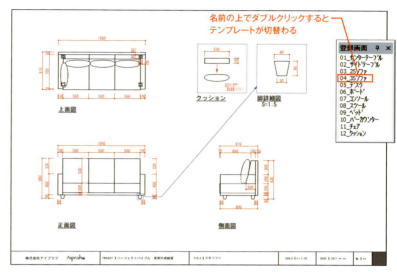

3Sソファの作成

1 図の完成図にある寸法を参考にしながら作図をしていきましょう。作図練習は、各寸法を確認しながらの場合は空いているスペースを使って作図練習をして、新規ファイルを開く場合は縮尺の設定を「1/20」にセットしてから始めてください。

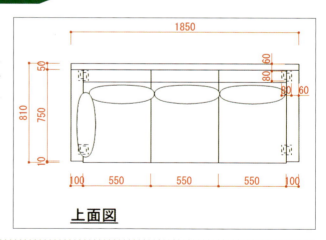

枠を作成する

1 基本パレットの四角形ツールをダブルクリックします。「幅」に「1850」、「高さ」に「50」と入力し「OK」をクリックします。

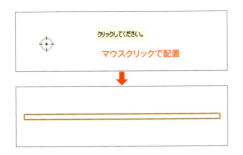
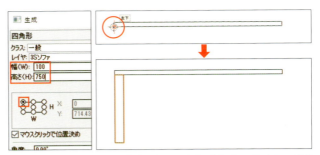

2 表示バーに「クリックしてください」という表示が出たら、空いているスペースでクリックして配置します。

3 四角形ツールをダブルクリックし「生成」ダイアログが表示されたら、「幅」を「100」、「高さ」を「750」、位置決めする点を「左上」にセットして「OK」をクリックします。表示バーに「クリックしてください」という表示が出たら、空いているスペースでクリックして配置します。

ミラー反転ツールで反転複写する

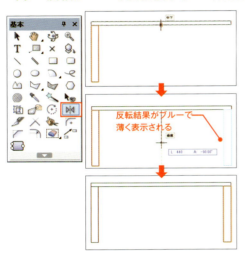

1 肘の図形を選択し、ミラー反転ツールを選択し、上部のソファ枠の図形「中下」とヒントが表示されたらクリックし、そのまま垂直にマウスを移動して再度クリックします。

> 💡 **HINT**
>
> **ミラー反転ツールの反転方向について**
>
> 反転元の図形を必ず選択してから、水平や垂直、斜め方向へと反転複写したい方向を決めます。軸となる場所は反転したい場所に応じて距離を調整します。

ソファの背もたれを作成する

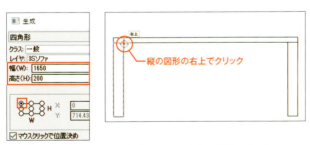

1 四角形ツールをダブルクリックし、「幅」を「1650」、「高さ」を「200」、位置決めする点を「左上」にして「OK」をクリックします。

2 「加工」メニューの「作図補助」から「図形を等分割」を選択します。

3 「四角形の等分割」で「幅の分割数」を「3」、「高さの分割数」を「2」と入力し、「元の図形」の「残す」のチェックをはずして「OK」をクリックします。

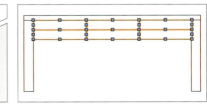

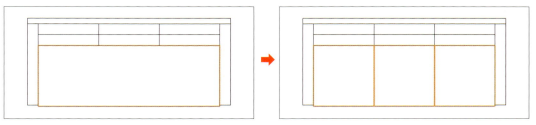

4 ソファのシート部分も同様に、四角形を作図後等分割で3等分にします。

クッションを作成する

ここでは四角形から多角形に変換し、変形ツールを使いながらクッションを作成していきます。

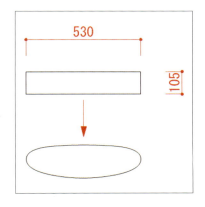

1 四角形ツールをダブルクリックして、「幅」に「530」、「高さ」に「105」と入力し「OK」をクリックします。

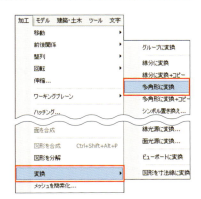

2 作図した四角形を選択し、「加工」メニュー「変換」から「多角形に変換」を選択します。

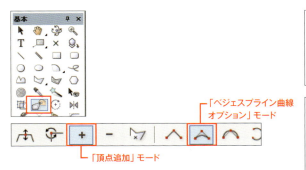

3 基本パレットの変形ツールから「頂点追加」モードの「ベジェスプライン」を選択します。

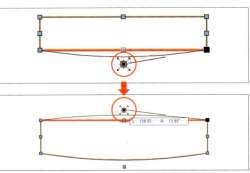

4 クッションの中央下の青いアクティブハンドルが に変わったら、頂点をつかんで下に移動しクリックします。同様に中央上の頂点もつかんで上に移動します。クッションの膨らみは任意の大きさにします。

5 続けて、クッションの角に丸みを付けるため、変形ツールの「頂点変更」モードに切替え、ベジェオプションはそのままにして、クッションの角をクリックします。

クッションを配置する

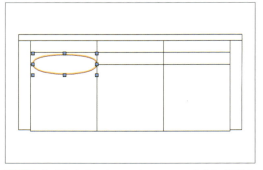

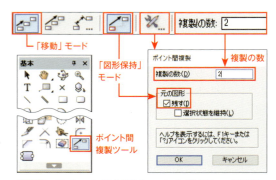

1. 作成したクッションを、ソファの上に任意の位置に並べて配置します。クッションを選択します。

2. ポイント間複製ツールを選択し、「移動」モードと「図形保持」モードを選択し、「複製の数」に「2」と入力します。設定ボタンをクリックしても、同様の指定ができます。

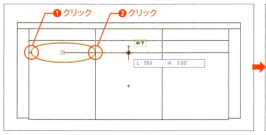

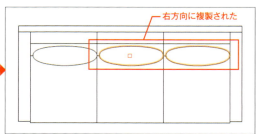

3. クッションの左端でクリックし、もう一方は右端でクリックします。ポイント間複製は、図形を指定してその方向に指定した数を複製できるツールです。

4. クッションを肘の部分にも配置します。クッションを選択し、「編集」メニューから「複製」を選択します。

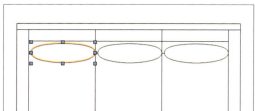

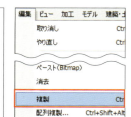

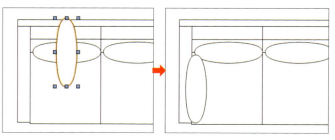

5. 続けて、「加工」メニューから「回転」の「左 90°」を実行すると、クッションが 90°回転します。回転後、マウスで図の位置まで移動します。

シンボル登録をする

ソファが完成しました。現在作業しているファイルにコピーして、その後シンボル登録を行います。シンボルは作図を効率的に行うための機能の1つです。家具や建具など、数多く配置したり、繰り返し使用する部品などは「シンボル登録」をしておくと大変便利です。

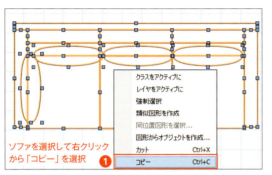

ソファを選択して右クリックから「コピー」を選択 ❶

REFERENCE

本書では、すべての家具を登録した家具データ集「04_C1_All家具.vwx」が翔泳社のサイトからダウンロードできます。

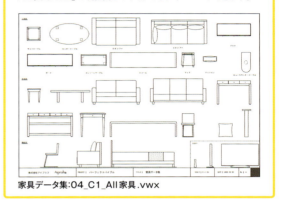

家具データ集:04_C1_All家具.vwx

 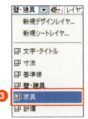

1 ソファの図形をすべて選択し、図形の上で右クリックします。「コピー」を選択したら❶、「ウインドウ」メニューから現在作業している「平面図練習.vwx」に切替えます❷。次に、レイヤを家具レイヤに切替えます❸。

2 部屋の空いているところで、右クリックから「ペースト」を選択します（右図）。

3 「加工」メニューから「シンボル登録」を選択します。

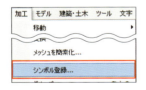

4 「シンボル登録」ダイアログが表示されたら、

❶ 名前：3Sソファと入力します。
❷「挿入点」として「次にマウスクリックする点」を選択します。
❸「挿入位置」のチェックをはずします。家具や小物など、壁に挿入する必要のないシンボル図形はあらかじめはずしておきます。
❹ そのほか「元の図形を用紙に残す」のチェックをはずします。登録後、図形はリソースマネージャに収まります。

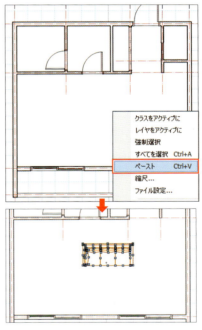

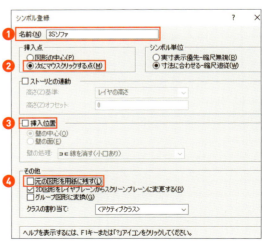

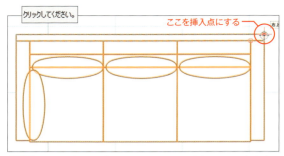

5 表示バーに「クリックしてください」と出たら、ソファの右上部分でクリックします。

6 リソースマネージャに登録したシンボルが表示されました。リソースマネージャが非表示の場合は右クリック→「パレット」→「リソースマネージャ」を選択します。

バーカウンターを作成する

「登録画面」の「10_バーカウンター」をダブルクリックします。寸法を見ながら、作図します。ここでは、図のA部分の操作を紹介します。今までのやり方を思い出しながら自力でカウンター途中まで作図してみてください。また❶の部分は、四角形で作図をしておいてください。

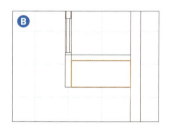
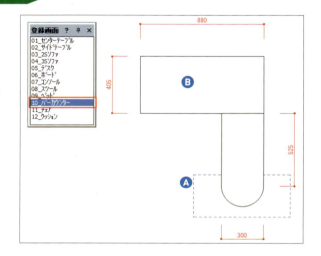

貼り合わせの準備をする

1 円ツール「半径」モードを選択し、四角形の「中下」のスクリーンヒントが表示されたらクリックし、「右下」までマウスを移動しクリックして作図します。中心から作図する場合は、「R150」です。

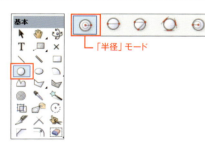

貼り合わせの実行

1 貼り合わせは、2つ以上の面属性を持つツールで作図した図形同士を貼り合わせ、1つにするコマンドです。四角形と円で作成した図形を選択し❶、図形の上で右クリックしてコンテキストメニューから「貼り合わせ」を選択します❷。図形が貼り合わされ、カウンターが完成しました❸。

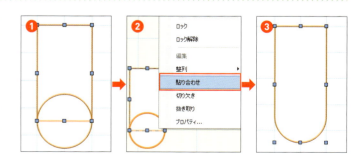

シンボルを登録せず配置する場合

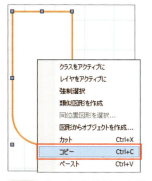
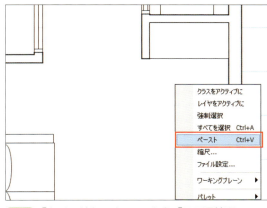

1 使用頻度が低い家具は、そのまま別ファイルにコピーします。カウンターの上で右クリックし「コピー」を選択します。

2 「ウインドウ」メニューから「平面図練習」ファイルに切替え、部屋の中で右クリックし「ペースト」を選択します。

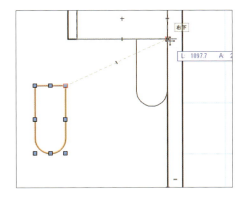

3 セレクションツールから「変形禁止」モードをクリックするとダイアログが表示されます。「はい」をクリックし、マウスで移動します。

家具の配置

客室に必要な家具をシンボル登録して、図のように数値で間隔を指定しながらレイアウトします。

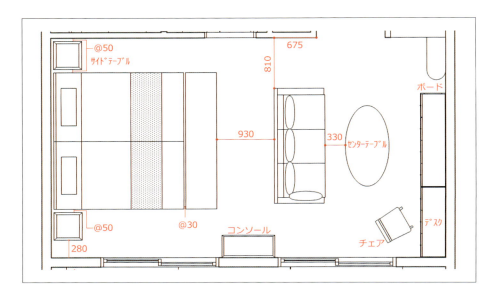

サイドテーブルの配置と移動

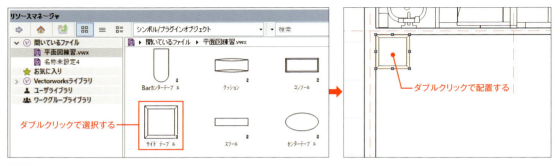

1. シンボル登録したサイドテーブルを、壁の内側の角に配置します。

2. 「加工」メニューの「移動」もしくは、ショートカット［Ctrl］キー（Mac：［⌘］キー）を押しながら［M］キーを押し、「X」に「50」、「Y」に「-50」と入力し「OK」をクリックします。

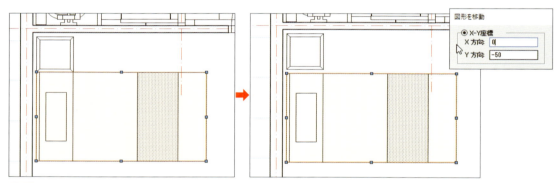

3. 次にベッドを配置します。サイドテーブルに付けて配置し、下方向に 50mm 移動します。

ミラー反転

1. ミラー反転ツールでベッドを配置します。ベッドを選択し、ミラー反転ツールを選択します。ベッドの左下に「端点」と表示されたらクリックし、ベッドの下辺に沿うように水平方向にマウスを移動します。
水色で表示されたベッドの形状プレビューを確認し、再びクリックします。

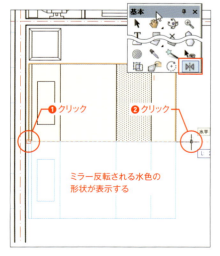
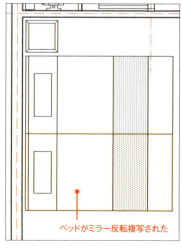

● **基点を考える（続：ミラー反転複写）**

サイドテーブルを、ミラー反転複写します。ここでは、どこを基点にすれば思い通りの操作ができるかを考えながら操作します。

- サイドテーブルをもう一方のベッドにも配置したい
- もう一方のベッドとの間隔も 50mm あけたい

この条件を満たすためには、ベッドとベッドの境界線を軸とすれば、反転複写した後、ベッドとの間隔も 50mm 開くことになります。

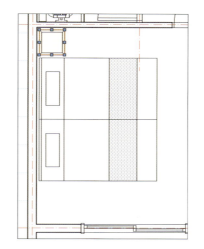

2 サイドテーブルの水色のプレビューを確認しクリックします。イメージ通りにミラー反転はできましたか？

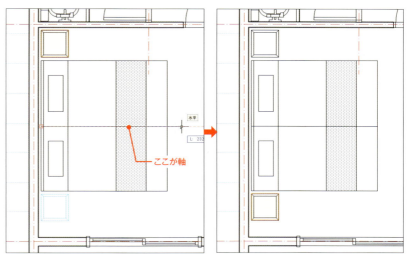

3 残りの家具も配置します。

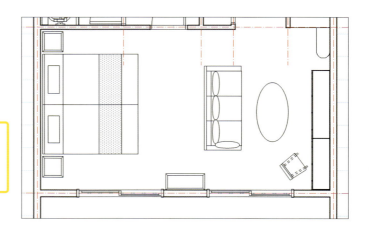

> 🔍 **REFERENCE**
>
> ここまでの完成データは「Chapter01」→「FIX」フォルダにある「家具完成.vwx」に収録されています。

床のタイルを作成

平面図の最後の仕上げとして、床に乱尺張りのタイル模様を貼っていきます。ここでは、「タイル」属性を新規に作成してベランダには「デッキ」タイルを、バスルーム・パウダールーム・トイレには「ライムストーン」タイルを貼る解説をします。

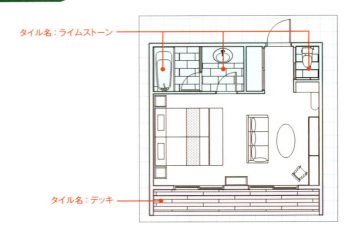

デッキの作成

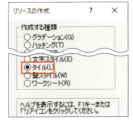

1 バルコニーのデッキに貼るタイルを設定します。1枚のデッキの大きさは、幅1800、高さ140とします。リソースマネージャの「新規リソース」をクリックして「タイル」を選択します。

2 「新規タイル」ダイアログが表示されます。「名前」を「デッキ」とし、「単位」で「縮尺追従」を選択して「OK」をクリックします。

3 「タイル」の生成画面で、四角形を以下の設定で作成します。

❶「幅」を「1800」、「高さ」を「140」とします。
❷ 位置決めする点として中心を選択します。
❸「マウスクリックで位置決め」のチェックをはずします。
❹「X」と「Y」に「0」と入力し、「OK」をクリックします。

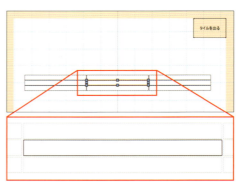

配置直後は隙間が空いている

定点スナップを有効にする

1 隙間の空いたデッキタイルを、スナップ機能を活用して調整します。スナップパレットの「定点スナップ」をダブルクリックします（スナップパレットはパレットドッキングされている場合は横長に表示されています）。
「スマートカーソル設定」ダイアログの「カテゴリ」から「定点」を選択し、「スナップ位置」で「分数で」を選択、「1/3」と入力し、「OK」をクリックします。

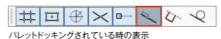

パレットドッキングされている時の表示

078

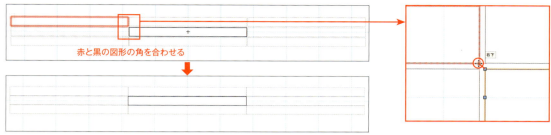

2 図の赤い図形の右下（角）と黒い図形の左上（角）をマウスで移動しくっつけます。

3 タイルの目地をずらして、乱尺張りのタイルの表現ができました。

4 作業が終わったら、画面右上の「タイルを出る」ボタンをクリックします。

5 リソースマネージャに「デッキ」タイルが作成できました。

タイルを貼り付ける

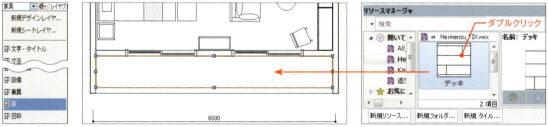

1 客室のベランダ部分に「デッキ」タイルを貼ります。レイヤを「床」レイヤに切替えて、ベランダの床を選択し、リソースブラウザの「デッキ」タイルの上でマウスをダブルクリックします。

2 「デッキ」タイルが貼られました。

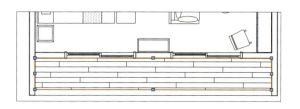

「ライムストーン」タイルを作成する

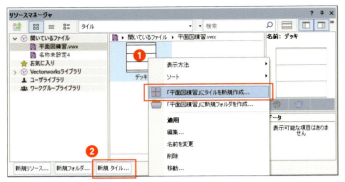 

1 同様の手順で、バスルーム・パウダールーム・トイレに貼るタイルを作成します。続けてタイルを作成する場合、❶の場所で既に作成した「デッキ」の上で右クリックするか、図の❷の場所で「新規タイル」ボタンを押して作成します。

2 ❶「幅」を「600」、「高さ」を「300」とします。
❷ 位置決めする点を中心とし、「OK」をクリックし、中心でクリックして配置します。

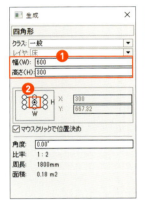 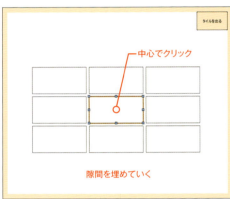

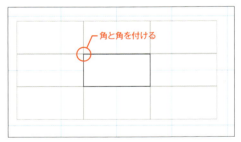 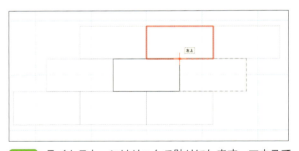

3 デッキの移動と同様、角と角をくっつけます。

4 ライムストーンはりゃんこ貼りにします。マウスで図形の幅の半分だけ水平移動します。

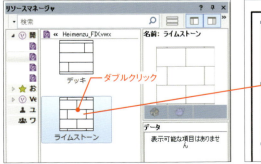

5 バスルームの床部分を選択し、リソースマネージャからライムストーンをダブルクリックします。

タイルの貼り始めを調整する

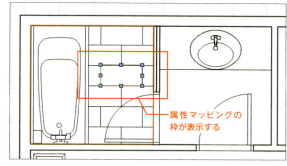

1 ライムストーンのタイルの貼り始めを調整します。基本パレットの属性マッピングツールを選択します。

2 属性マッピングツールを選択すると、赤と緑の枠が表示されます。マウスで動かすと、タイルの貼り位置や回転などがマウス操作で可能になります。

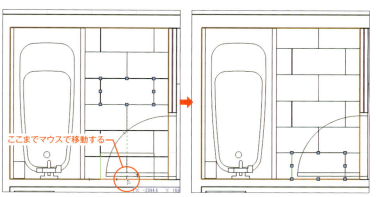

3 図のようにタイルの中下をつかみ、浴室下まで移動します。

同じ種類のタイルを貼る（アイドロッパツール）

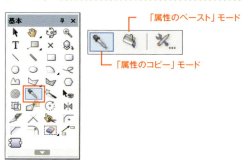

1 バスルームに貼ったタイルを、パウダールーム、トイレにも貼ります。基本パレットのアイドロッパツールを選択し、表示バーの「属性のコピー」モードを選択します。

2 バスルームでクリックします。

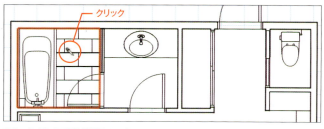

クリックでタイルを貼り付けていく

3 パウダールームにマウスを移動し、「属性のペースト」モードを確認しクリックします。

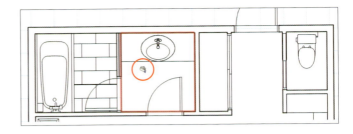

4 同様に、トイレの床も「属性のペースト」モードを確認しクリックします。

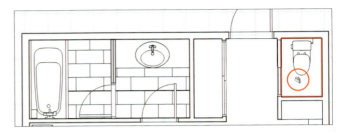

5 これで平面図が完成しました。

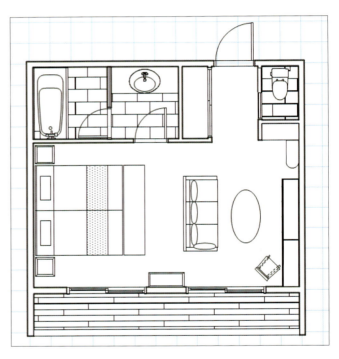

2-4 展開図の作成

作例完成イメージ

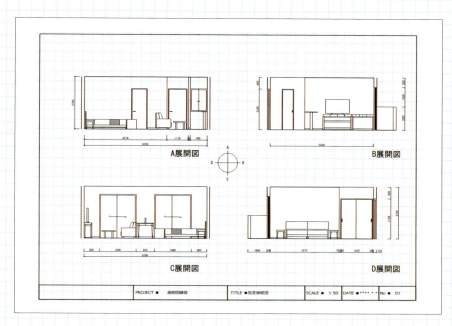

展開図の作成をします。「01_C1_A3横.sta」テンプレートファイルを開き、展開図用にレイヤを整えて作図をします。

> 💡 **HINT**
> テンプレートファイルを作成していない場合は、サンプルファイルの「01_C1_A3横.sta」を使用してください。

テンプレートファイルを開きレイヤを変更する

1 「ファイル」メニューから「新規」で「テンプレートを使用」から「A3横sta」を選択し「OK」をクリックします。

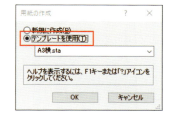

レイヤの変更

1 レイヤ設定ボタンをクリックし、オーガナイザを表示します。展開図作成では不要なレイヤを削除します。まとめて選択する場合は、[Shift]キーを押しながら選択します。壁・建具、家具、床レイヤを削除します。

> 💡 **HINT**
> 選択したいレイヤが離れている場合は、[Ctrl]キーを押しながら選択することができます。

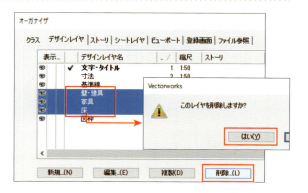

083

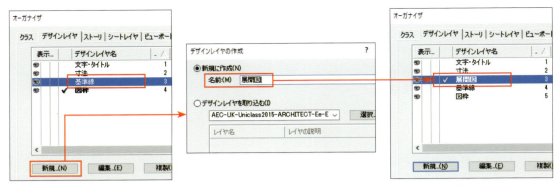

2 「新規レイヤ」ボタンをクリックし、新たに「展開図」レイヤを追加します。縮尺が「1:50」になっているか確認します。

レイヤの順序を変更する

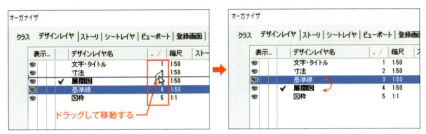

1 「展開図」レイヤを移動します。図枠の真上に展開図レイヤがくるように、マウスでレイヤの順序を変更します（この画面では図の赤枠内でないとレイヤの移動はできません）。

基準線を作成する

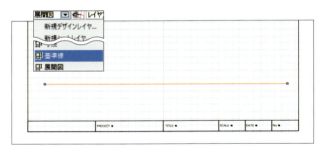 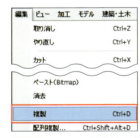

1 「基準線」レイヤに移動します。図枠内の適当な位置から、展開図の基準とする基準線を横に1本作図します。

2 作図した基準線を複製します。

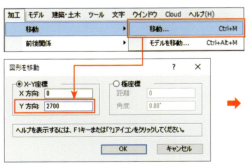

3 複製した基準線を、上方向に「2700」移動します。

084

4 A展開図とB展開用に必要な基準線も上方向に垂直に複製します。ここでは、[Ctrl]キー(Mac：[option]キー)を押しながら、ヒントが「垂直」と表示されているのを確認しながらドラッグして複製をとります。

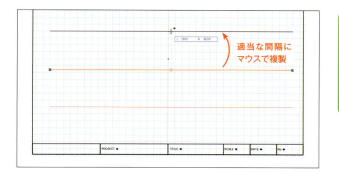

5 完成図を見ながら、必要な箇所に基準線を作図します。

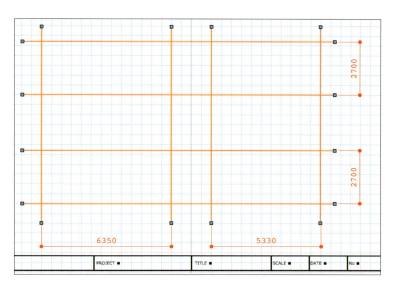

> ⚠ **CAUTION**
> 図のようなアクティブハンドル（青い点）が表示されない場合はセレクションツールの「変形」モードに切替えてください。
>
>

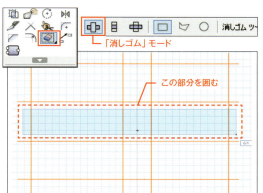

6 不要な部分の基準線を削除します。作図した基準線を選択し、基本パレットの消しゴムツールの「消しゴム」モードを選択し、図のように不要な部分を囲んで基準線を削除します。

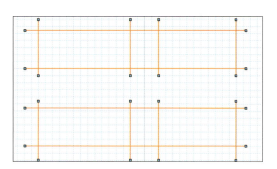

7 不要な部分を削除しました。

画面登録をする

各展開図作成の作業がしやすいように、画面を拡大してその画面の状態を「画面を登録」で登録します。

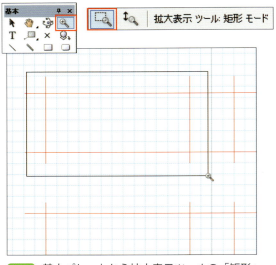

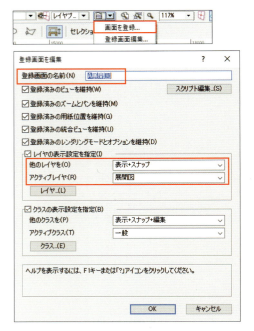

1 基本パレットから拡大表示ツールの「矩形」モードを選択し、A展開図あたりをマウスクリックで囲んで拡大します。

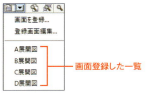

2 表示バーの「画面を登録」メニューから「画面を登録」を選択します。「登録画面を編集」ダイアログが表示されたら、名称を「A展開図」と付け、「他のレイヤ」を「表示＋スナップ」、「アクティブレイヤ」を「展開図」に設定し「OK」をクリックします。

3 残りのB展開図、C展開図、D展開図も同様の操作で画面の登録をします。

展開方向を描く

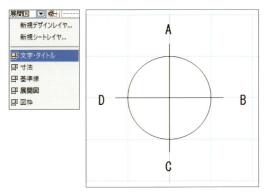

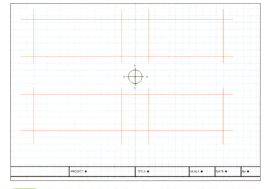

1 「文字・タイトル」レイヤに切替え、図のように展開方向の図形を作図します。

2 作図した展開方向の図形を図の位置に配置します。

3 展開図を作図します。画面登録した「A展開図」を実行します。以降、登録画面で切替えれば、どのレイヤにいても、必ずアクティブなレイヤが「展開図」に切替わります。

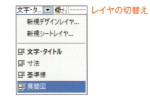

壁の断面を作図する

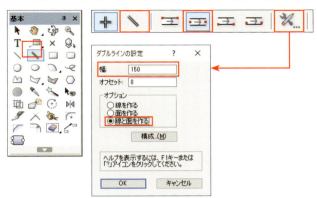

1 ダブルラインツールを選択し、壁の断面を作図します。ツールバーの設定ボタンをクリックし、幅を「150」、オプションを「線と面を作る」に設定して「OK」をクリックします。

2 壁の断面を描く線の太さを「0.4」に変更します。

3 図のように基準線をなぞり壁の断面を作図します。

4 もう片方の断面も作図します。

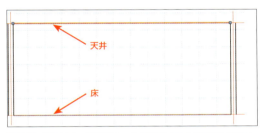
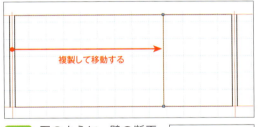

5 続けて、直線ツールで床と天井部分を作図します。

6 図のように、壁の断面の一部を複製し、右方向に「4345」mm 移動します。

7 複製して移動した室内の間仕切り壁の線の太さを「0.2」mm に変更します。

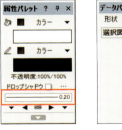

8 以降、太さ 0.2mm の線で作図していくために、データパレットから選択されている図形がないことを確認して、属性パレットから線の太さを 0.2mm に変更します。

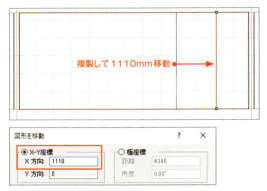

9 室内の壁を複製し、右方向に 1110mm 移動します。

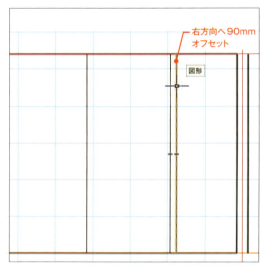

11 オフセット距離を設定し右側でクリックします。

13 次に、入口ドアの作図をします。壁の端点から作図します。「幅」を「970」、「高さ」を「2100」と入力し、位置決めする点を「中下」にセットし、「OK」をクリックした後配置します。

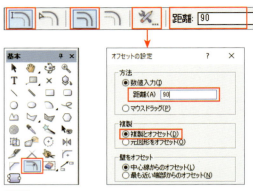

10 室内の間仕切り壁の断面の表現を、オフセットツールを実行して作図します。間仕切り壁を選択し、オフセットツールで右方向に 90mm にオフセットします。

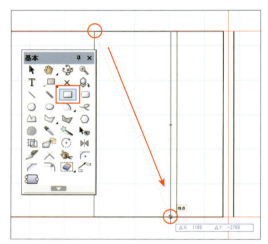

12 次に、入口ドアの作図をします。壁の端点から作図します。

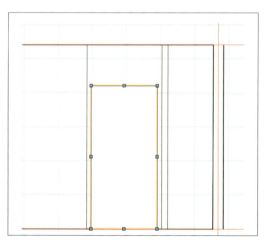

14 ドアの形状ができました。

088

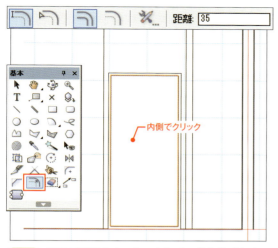
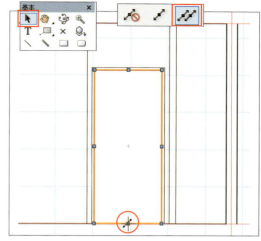

15 ドアの図形をオフセットして、枠を作成します。基本パレットから「オフセット」を選択し、「距離」を「35」と入力し、図形の内側でクリックします。

16 オフセットをするとすべての図形が対象になるので、オフセットした図形の下側をセレクションツールのリサイズカーソルを使って図のように下方向に変形します。

取っ手の作成

取っ手を作成する

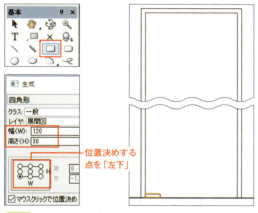

1 取っ手を作成します。四角形ツールをダブルクリックし、「幅」を「120」、「高さ」を「30」、位置決めする点を「左下」にセットし図のようにドアの左下に配置します。移動しづらい場合は、「セレクションツールの変形禁止」モードに切替えます。

2 「加工」メニューの「移動」もしくは、ショートカット [Ctrl] キー（Mac：[⌘] キー）を押しながら「M」キーを押し、「X」に「50」、「Y」に「900」と入力し「OK」をクリックします。

浴室洗面のドアを作成する

1 四角形ツールをダブルクリックし、「幅」を「820」、「高さ」を「2100」と入力し、位置決めする点を右下にチェックし「OK」をクリックします。

2 図のように室内壁の角に配置します。

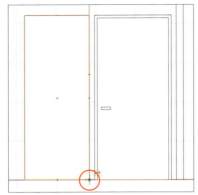

3 配置した場所を基点として、作成したドアを左に「-1090」移動します。

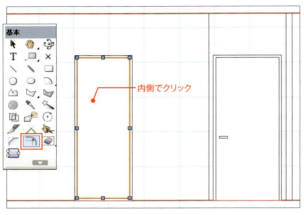

4 先ほどと同様に、オフセットツールでドア枠を作成します。

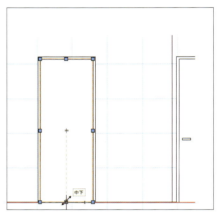

5 リサイズカーソルで下側のドアを床部分まで延長します。

取っ手を複製する（パス複製ツール）

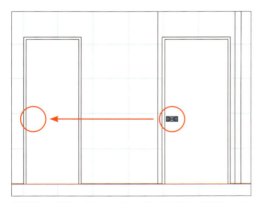

1 右側のドアの取っ手の図形を利用して、取っ手を複製します。ここではパス複製ツールを使います。

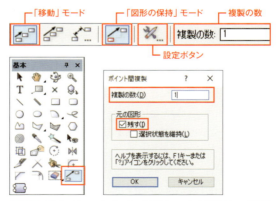

2 基本パレットのパス複製ツールを選択し、表示バーから「移動」モードを選択し、続けて設定ボタンをクリックして「複製の数」を「1」、「元の図形」を「残す」にチェックが入っているのを確認して「OK」ボタンをクリックします。

💡 HINT

設定ボタンを表示させなくても、表示バーで「移動モード」と「図形保持モード」を選択し、「複製の数」を入力しても設定可能です。

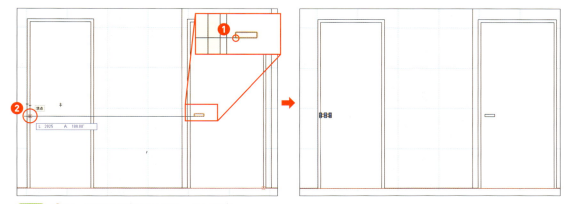

3
❶取っ手図形の左下でクリックします。
❷左方向へ水平にマウスを移動し、ドア図形の「頂点」でクリックします。

4 ドアの取っ手を右に50mm移動し完成です。

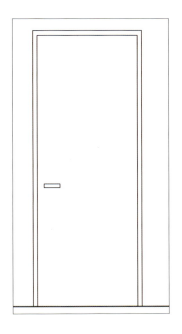

壁に面を付ける

ショードローイング用に壁に面を付けます。多角形ツールには、頂点をクリックして作図するモードのほかに、図形に囲まれている範囲に面を付ける「境界の内側」モードがあります。今回はそのモードを使用して、クリックで効率よく面を付けます。

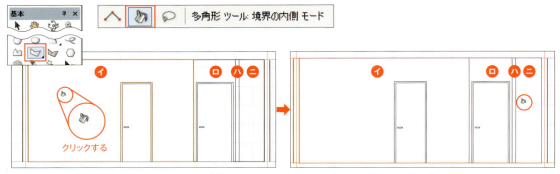

1 基本パレットの多角形ツールから「境界の内側」モードを選択し、壁部分の❶〜❹の上でマウスをクリックします。

巾木の作成

　家具の配置がすべて完了したら、巾木の作成をします。巾木は、家具に重なってしまった部分を新しいツールを使って作業します。

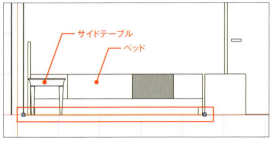

> **REFERENCE**
> 家具の作成が完了していない場合は、家具データ集から展開図用家具「04_C1_All家具.vwx」ファイルを開き、取り込み、配置を終わらせてから進めてください。

1 直線ツールを使って巾木を作成します。図のように床のラインをトレースする方法で、巾木を表現する箇所に直線を作図します。

2 巾木を表現する直線を、移動コマンド（[Ctrl]（Mac：[⌘]）+ [M]キー）で、上方向（Y方向）に60ミリ移動します。

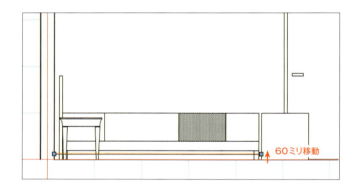

不要な線を削除する

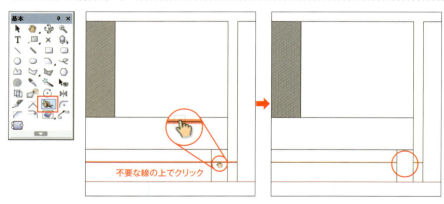

1 巾木には不要な箇所を、基本パレットのトリミングツールを使って削除します。不要な線の上にカーソルを近づけると指のマークになります。表示されたらクリックで削除されます。

> **HINT**
> トリミングツール、フィレットツール、アイドロッパツールは、あらかじめ図形を選択していなくても実行可能です。

造作家具を描く

1 図の寸法を参考に、バーカウンター部分の家具を描きます。

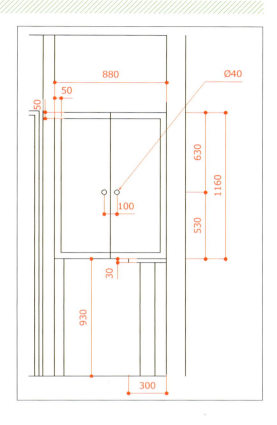

図形の前後関係を変更する

1 躯体断面の線の太さが、後から作図した壁面で一部細く表示されています。展開図の作図が終わったら、壁部分の図形を選択し、右クリックして「前後関係」から「最後へ」を選択します。

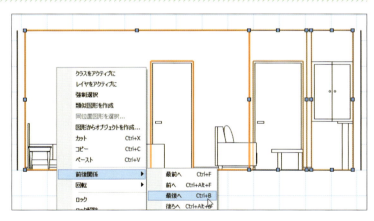

2 ほかのレイヤを「非表示」にします。

寸法線を描く

1 展開図の最後に寸法線を描きます。線の太さを0.1mmに設定し、「寸法／注釈」のツールセットの「縦横寸法」で寸法を描きます。

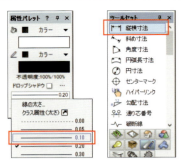

2 A展開図が完成しました。

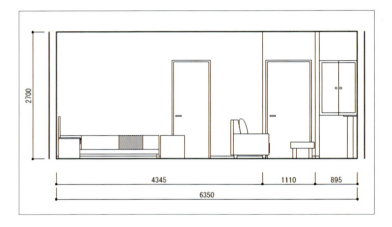

SECTION 03 プレゼンテーションボードの作成

これまでに作成してきた2D平面（ドラフティング）を着彩したショードローイングの表現方法や、画像の貼り付けを行い、簡易プレゼンテーションボードのレイアウト方法を紹介をしていきます。

3-1 図面の着彩

質感の表現

　属性パレットにある機能を使い、モノクロの平面図や展開図に着彩して、質感の表現をします。グラデーションやイメージの貼り付けをしたり、影を付けたりします。

壁の着彩

　全体の壁に着彩します。平面図を作成した際、壁ツールを使用して壁を作図しました。ここでは、「図形選択マクロ」を使って、作図した壁だけを選択するコマンドを作成します。

1 「ツール」メニューから「図形選択マクロ」を選択します。

2 「図形選択マクロ」ダイアログが表示されたら、「コマンド」を「解除してから選択」、「オプション」を「VectorScriptを作成」を設定し「検索条件」ボタンをクリックします。

3 ❶検索条件を「タイプが」「右項目のもの」「壁」にセットして「OK」をクリックします。
❷パレットに表示する「名前を付ける」ダイアログで「選択」と入力し「OK」をクリックします。
❸続けて、コマンドを実行する「名前を付ける」ダイアログで「壁選択」と入力し「OK」をクリックします。

4 独立したパレットが画面上に表示されました。アクティブなレイヤを「壁・建具」レイヤに切替えます。

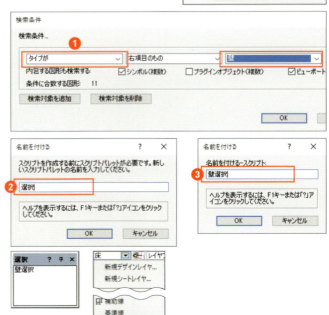

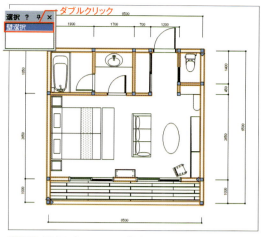

5 選択パレットの「壁選択」の上でダブルクリックすると、壁ツールで描いた壁だけが選択されます。[Shift]キーを押しながら、ベランダ部分の壁を選択解除します。

6 属性パレットの面の「カラー」からグレー80%を選択します。

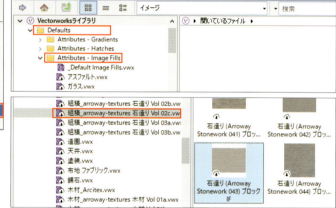

7 アクティブなレイヤを「床」に切替えます。

8 バスルーム、パウダールーム、トイレの床にはVectorworksのライブラリに搭載されているイメージファイルの中の「石造りVol 02c」を使用します。リソースマネージャ→「Defaults」→「Attributes-ImageFiles」→「組積_arroway-textures 石造りVol 02c」を選択します。

9 「石造り（ArrowayStonework 043）ブロックIF」を右クリックし「取り込む」を選択するとダウンロードが始まり、取り込みが可能になります。

⚠ CAUTION

インターネットがつながっている環境下で操作が可能です。

10 バスルームの床が選択されいてることを確認して、イメージファイルをダブルクリックします。

097

11 貼り付けた画像のサイズ変更をするには、基本パレットの属性マッピングツールを選択し、緑と赤の枠の四隅にマウスを近づけ、リサイズカーソルでサイズを大きくします。また、タイルを貼る位置も画像を動かして変更することができます。
浴室、トイレも同様にイメージファイルを貼り付けます。

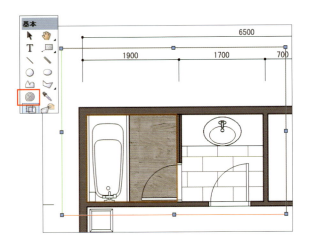

> 💡 **HINT**
> アイドロッパツールを使えば、大きさを変更したタイルも一緒に吸い取り、貼り付けることができます。

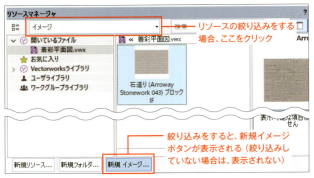

12 新規にイメージファイルの作成をする場合、表示されているリソースを「イメージ」に絞り込んでおくと、右クリックからでも、リソースマネージャの下側にある「新規イメージ」ボタンからでも選択ができます。

13 「選択イメージ」ダイアログから「イメージファイルの取り込み」を選択し、「OK」をクリックします。

14 「Image」フォルダを選択し、「KWF300-01」を開きます。

> 🔍 **REFERENCE**
> サンプルファイルの「Image」フォルダを使用してください。

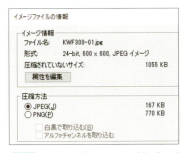

15 イメージファイルが作成できました。

16 居室部分にイメージデータを貼ります。

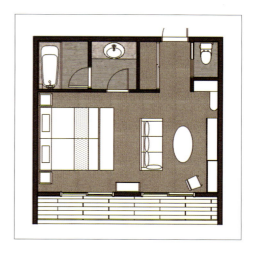

タイル「デッキ」を複製して着色する

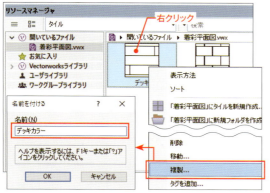

1 「名前を付ける」ダイアログで名前を「デッキカラー」と付けて「OK」をクリックします。

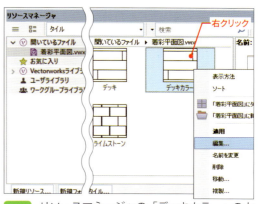

2 リソースマネージャの「デッキカラー」の上で右クリックし「編集」を選択します。

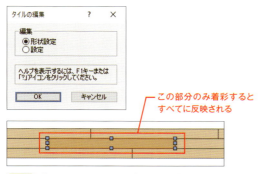

3 「タイルの編集」ダイアログが表示されたら「形状設定」を選択し「OK」をクリックします。デッキにお好きな色を付けてください。

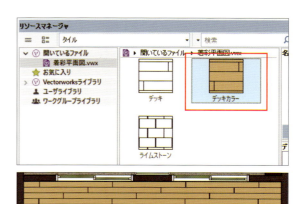

4 着彩したデッキが完成したら、バルコニーの図形を選択した状態で、リソースマネージャのタイル「デッキカラー」をダブルクリックします。

「サイドテーブル」を複製して、シンボルの編集をする

1 登録したシンボルは、図形を選択しただけでは属性、形状の変更はできません。着彩用に複製した後変更する場合はリソースマネージャで複製し編集します。既に配置してあるシンボルを直接変更する場合は、シンボルの上で右クリックし、「2D 編集」を選択するとシンボル編集画面に入ることができます。

2 シンボルを着彩して「シンボルを出る」ボタンを押すと、配置された選ばれていないシンボルにも変更が加わっています。これは作図した図形と、シンボル登録を行った図形の大きな違いと特徴です。

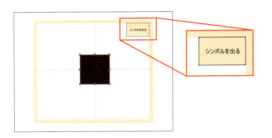

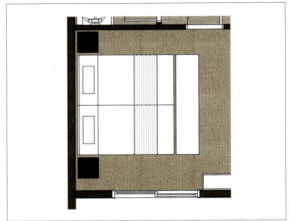

3 居室の家具すべてに着彩します。

影の作成

　影を表現するため、Ver.2017 から新たに「ドロップシャドウ」という機能が追加されました。使い方によっては不要な部分にまで影が表現される場合がありますので、ここでは、従来のやり方を紹介し、ドロップシャドウの使用時のワンポイントを後述します。

 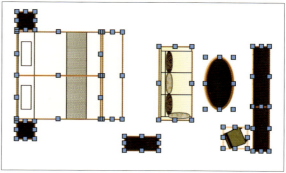

1 影を付けたいのは、家具に落ちる影です。よって、レイヤの順序は、家具レイヤの下に作成します。床レイヤを選択し、「新規」ボタンをクリックします。名称を「影」と付けて「OK」をクリックします。

2 影レイヤから家具レイヤに切替え、影を付けたい家具を選択します。

3 右クリックもしくは「編集」メニューから「コピー」を選択し、レイヤを「影」レイヤに切替えます。

4 「編集」メニューから「ペースト（同位置）」を選択します。

> ⚠ CAUTION
> 通常のペーストは位置がずれるため、必ず「ペースト（同位置）」を選択します。

5 図形のない場所で右クリックし、「他のレイヤを」→「非表示」を選択します。

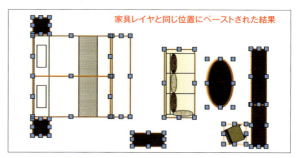

家具レイヤと同じ位置にペーストされた結果

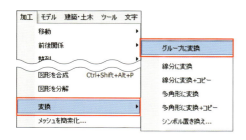

6 登録したシンボルは色を変更できないため、シンボルを解除します。シンボル解除というコマンドはないので、シンボルを解除する場合は、「加工」メニューの「変換」から「グループに変換」を選択します。

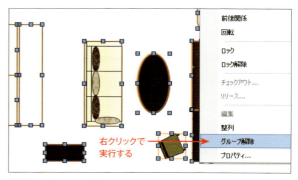

7 続けて、グループ化した図形を右クリックして「グループ解除」を実行します。

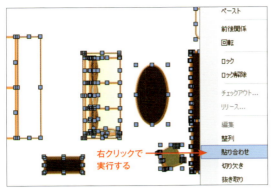 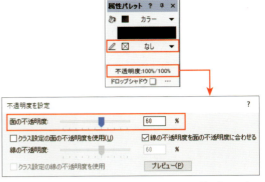

8 複数の図形で成り立っている家具は、貼り合わせをして1つの家具の影にするため、右クリックの「貼り合わせ」を選択します。

9 影をきれいに表現するために、属性パレットの線の色を「なし」に設定、「不透明度」をクリックして、面の不透明度を「60%」に設定して「OK」をクリックします。

10 家具の影が完成しました。

> 💡 **HINT**
>
> **Ver.2017から搭載された新機能「ドロップシャドウ」は使い方次第でとても便利**
>
> ドロップシャドウ機能は、単体の図形、シンボル登録された図形であれば外形の影が付きます。しかし、複数の図形で成り立っているグループ図形などでは構成要素の図形それぞれに影が付いてしまいます。シンボル図形とグループ図形で比較してみました。

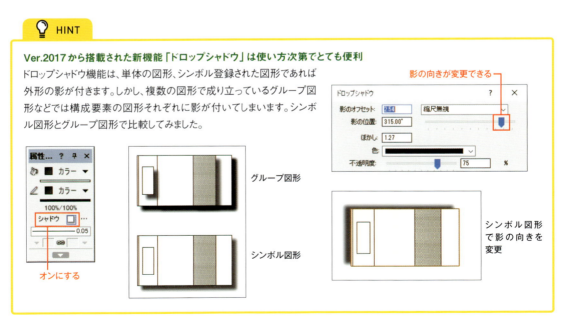

展開図を着彩する

展開図を開き、C展開図の窓ガラスにグラデーションを作成し、ガラスの表現をします。

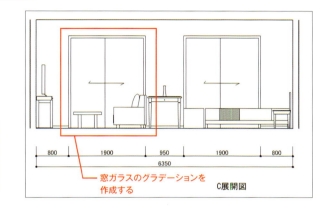

> **REFERENCE**
>
> 誌面では作成していませんので、操作体験をする場合はサンプルファイルの「展開図完成vwx」を開いて操作しましょう。

グラデーションの作成

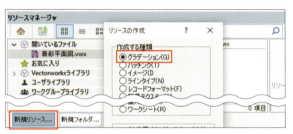

1 リソースマネージャから「新規リソース」ボタンをクリックし、「グラデーション」を選択します。

2 グラデーションの名前を「ガラス」として❶、カラースポットの黒色を選び❷、「色」ボタンをクリックします❸。

3 色を選びます。

4 白のカラースポットを中央に移動します。ダイアログ内の「変化の中心」に「0.5」と入力します。

5 右側のカラースポットをクリックしてから、左端部でクリックすると、同色のカラースポットが新規に表示されます。

103

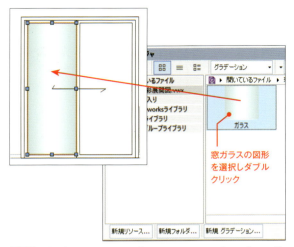
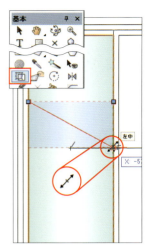

6 窓ガラスの図形を選択し、リソースマネージャのガラスでマウスをダブルクリックします。

7 ガラスの反射を表現するため、ガラスのグラデーションを属性マッピングツールを使って向きを変更します。
ツールを選択すると、赤いラインが表示されます。向きを変えたい端部にカーソルを近づけ、リサイズカーソルで向きを変更します。

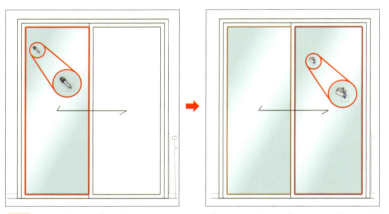

8 同じ向きでグラデーションを貼る場合はアイドロッパツールを使用します。

9 枠にも色を付けガラス窓を完成させます。そのほかの図形も今までの要領で、オリジナルのカラーコーディネートで着彩を完成してください。

3-2 写真のレイアウト ― 画像の取り込み

作例完成イメージ

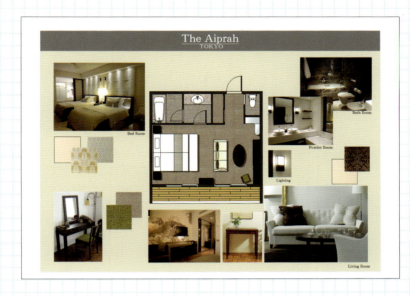

プレゼンテーションボードの作例を二通り紹介します。デザインレイヤを利用して全体の空間を表示する方法と、シートレイヤという新しい機能を使って、部分的な場所を拡大して表現する方法です。

レイヤを追加する

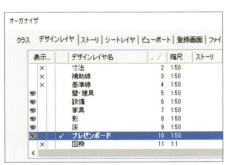

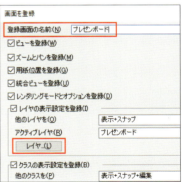

1 着彩平面図を使ってプレゼンテーションボードを作成します。「レイヤ」から「オーガナイザ」ダイアログを表示し、新規レイヤを追加し名称を「プレゼンボード」とします。

2 着彩平面図とプレゼンテーションボードが混在する場合、それぞれの表示したいレイヤ、非表示にしたいレイヤが分かれます。目的に合った表示したいレイヤを調整する場合、「画面を登録」することができます。

プレゼンテーションボード用と着彩平面図用の画面登録をします。表示バーの「登録画面」から「画面を登録」を選択します。
名称を「プレゼンボード」と付け「レイヤ」ボタンをクリックします。

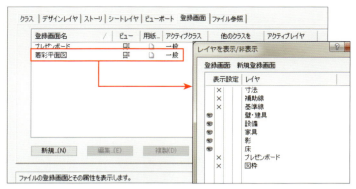

3 プレゼンテーションボードで利用する際に表示させたいレイヤを設定します。

4 同じように、着彩平面図の表示に必要な画面登録をします。アクティブなレイヤは「壁・建具」にしておきます。

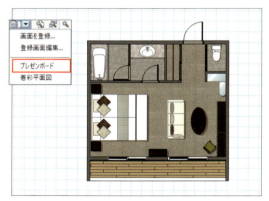
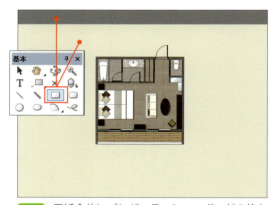

5 準備が整ったので、プレゼンテーションボードを作成していきます。表示バーの登録画面の「プレゼンボード」を選択します。

6 用紙全体にプレゼンテーションボードの枠とタイトル帯を四角形ツールで作成し、色を付けます。

7 図のように文字ツールを選択し、文字を入力する場所でクリックをして、2行にわたって文字を入力します。

8 同じ文字枠の中で、一部文字のサイズを変更する場合は、変更したい文字をドラッグします。ここでは、上部を36pt、下部を18ptに変更します。

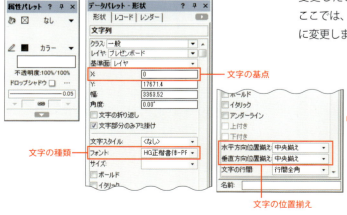

9 文字の色を白に、データパレットで各種設定をして文字のレイアウトをします。

10 文字の色を白にし、データパレットで各種設定をして文字のレイアウトをします。

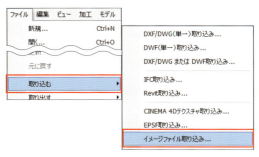

11 「ファイル」メニューから「取り込む」→「イメージファイル取り込み」を選択します。

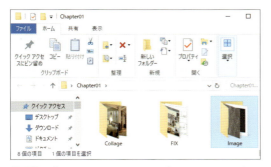

12 ダウンロードしたサンプルファイルの中の「Collage」フォルダを開きます。

13 「Collage」フォルダの中の「SOFA.jpg」を開きます。

14 「イメージファイルの情報」ダイアログが表示されたら「OK」をクリックします。

15 画面が取り込まれました。画質の良いファイルは大きく取り込まれます。

16 リサイズカーソルに変更し、[Shift]キーを押しながらサイズを小さくし、クリック後[Shift]キーを離します。

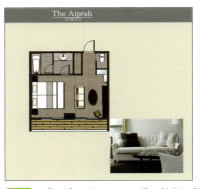

17 プレゼンテーションボード内に収まるようにレイアウトします。

18 残りの図も同様の操作でレイアウトします。

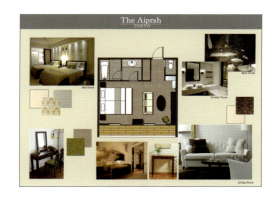

クロップ設定

「Collage」フォルダにある「LAMP.jpg」を、クロップ設定を使って取り込む方法を紹介します。画像の一部のみを使用したい場合は、クロップ設定を使って、必要な範囲のみ表示させることができます。図の部分のみボードに使用します。

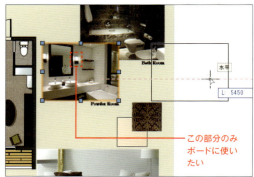

この部分のみボードに使いたい

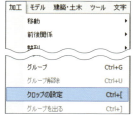

1 画像を選択し、「加工」メニューの「クロップの設定」を選択します。

2 使用したい範囲に図形を作図します。四角形ツールで必要な部分を囲みます。

3 「Bitmap 枠の編集を出る」ボタンをクリックし、[Shift] キーを押しながら画像の大きさを調整します。

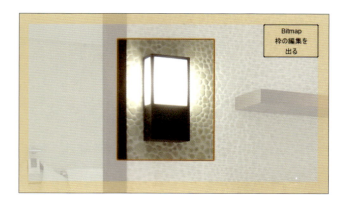

4 デザインレイヤを使ったプレゼンテーションボードが完成しました。

COLUMN

スナップパレットについて
通常は、図の5種類のスナップがオンになっていれば正確な作図ができます。各スナップをダブルクリックすると「スマートカーソル設定」ダイアログが表示するスナップもあります。通常は文字が表示されますが、キーボードの「Y」キー（半角英数モード時のみ有効）で文字表示のオン／オフが可能です。図形スナップを基本オンにして、そのほかのスナップを組み合わせるのがより正確に作図できる使い方です。

グリッドスナップ
レファレンスグリッドはブルーのマス目を縦横同比率、または自由に設定ができます。スナップグリッドとは、レファレンスグリッドひとマスに対して、マウスが吸着する単位を設定できます。スナップグリッドは、レファレンスグリッドの数値より上回ることはできません。また、グリッドオプションは、グリッドは非表示のままグリッドスナップはオンにしたり切替えることができたり、印刷時にグレー色で印刷も可能です。

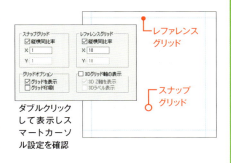

ダブルクリックして表示しスマートカーソル設定を確認

図形スナップ
CADを使用する上で、必ずオンになっていなければならないスナップです。図形の頂点や中心、端点など作図された図形にヒントが表示されます。

角度スナップ
画面に向かって反時計回りで、0°（水平と表示）30°45°、60°（30°と表示）、90°（垂直と表示）の角度のヒントが表示されます。また、任意で指定した角度にヒントが表示されるように設定も可能です。

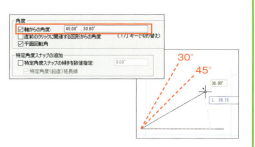

交点スナップ
交点スナップは、重なり合った図形の交点を「図形／図形」という表示になります。

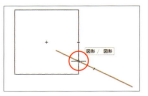

スマートポイント
スマートポイントは、水平や垂直のいつか交わる延長線上にヒントを出すスナップです。

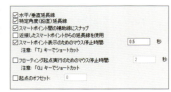
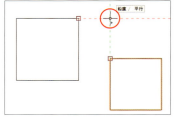

定点スナップ
定点スナップは、スナップ位置を分数やパーセント、長さで設定ができます。図は分数で設定し、1/3の場所にくると「定点」と表示されます。反復させたい場合は、ダイアログの「反復スナップ」にチェックを入れます。

スマートエッジ
図形の交わる点を、延長して赤と緑のヒントを表示するスナップです。図は、スマートエッジ表示のためのマウス停止時間と二等分線にスナップにチェックを入れたスナップの結果です。

接線スナップ
接線スナップは、直線を円に接しながら作図することができます。[Alt] キー（Mac：[option] キー）を押している間は、反対向きから接します。

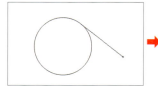

[Alt] キーを押した間は反対向きになる

Chapter 02

Vectorworks でできる！
3D

SECTION 01 ### 3D 操作の流れ
1-1　操作の流れ
1-2　3D モデルの種類
1-3　3D モデルの編集と加工

SECTION 02 ### 家具の作成
2-1　収納棚の作成
2-2　ソファの作成

SECTION
01 3D操作の流れ

立体を作成することを「モデリング」、面を付けて画像として生成する計算を「レンダリング」といいます。ここでは、初心者でも十分にインテリアパースとして利用できるように、モデルの種類や操作の流れ、視点の切替え方法やパースに応じたアングルの設定方法を解説します。

作例完成イメージ

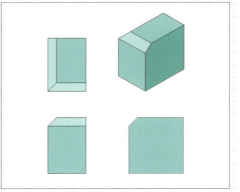

　Vectorworksでの基本的なモデリング方法には、以下の4つがあります。

① 2D図形に厚みを付ける
② 2D図形を回転する
③ 2D図形をつなぎ合わせる
④ 3Dツールを使用する

　複数の形状を組み合わせてでき上がる家具や建物などは、視点を切替えながらモデリングを行い、組み立てていきます。完成したモデルは、面を付けて画像として生成する計算の「レンダリング」を行い、形状を確認します。

> ⚠ **CAUTION**
>
> 本書では、モデル作成の環境を共通にするため、環境設定を変更し解説しています。設定方法については後述しています。

1-1 操作の流れ

モデリング（柱状体）

最も基本的なモデリング「柱状体」を作成しながらモデリングの紹介をします。

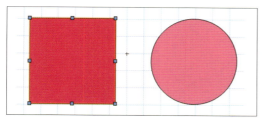

1 四角形と円を作成します。（大きさは適当でかまいません）

2 四角形を選択し、「モデル」メニューから「柱状体」を選択し、ダイアログの「奥行き」に「50」と入力し「OK」をクリックします。

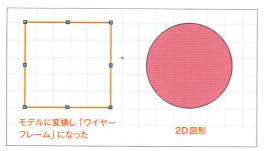

3 右の円と比較してわかるように、2D平面で確認した場合、モデルに変換すると面の色が抜け「ワイヤーフレーム」というタイプになります。

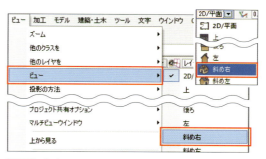

4 「ビュー」メニューの「ビュー」→「斜め右」を選択するか、表示バーの「現在のビュー」から「斜め右」を選択します。

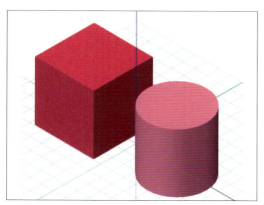

5 視点を変更すると、2D図形の時に付けた面の色が反映され「OpenGL」レンダリングになります。現在の初期設定は「OpenGL」になっていますが、メニューから選ぶには「ビュー」メニューの「レンダリング」から「OpenGL」を選択します。

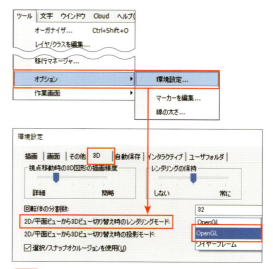

6 視点変更時のレンダリングモードの初期値を変更したい場合は「環境設定」を変更します。「ツール」メニューの「オプション」から「環境設定」を選択します。「3D」タブをクリックし「2D/平面ビューから3Dビュー切替え時のレンダリングモード」をクリックすると、「ワイヤーフレーム」か「OpenGL」を選択することができます。

113

視点の操作

基準面（レイヤプレーンとスクリーンプレーン）

あらゆる 3D の視点に合わせて 2D 図形を平面オブジェクトとして表示するのが「レイヤプレーン」、画面に対して常に平行に表示するのが「スクリーンプレーン」です❶。

視点を「斜め右」にします❷。基準面が異なるだけで、オブジェクトの表示のされ方が異なります。四角形を作図し、データパレットの「基準面」を切替えて違いを確かめてみましょう。

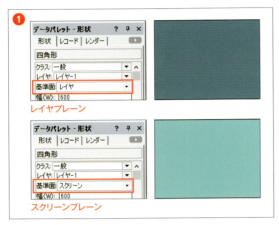

見た目は同じ図形だが基準面が異なる

レイヤプレーンの場合、視点を変更しても 2D 図形という属性は変わりませんが、図の視点からでも 3D モデルに変換できるのが特徴です。（プッシュ／プル）を使って柱状体にした図です。

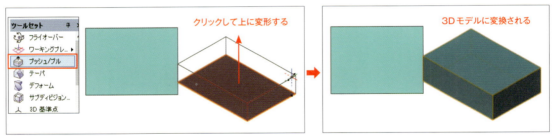

プッシュ／プルで変換

フライオーバーツール

「基本」パレットのフライオーバーツールを使うと、ドラッグで視点を上下左右に自由に動かすことができます。回転の中心は、デフォルトでは原点（X=0,Y=0,Z=0）にありますが、クリックした場所に変更することができます。

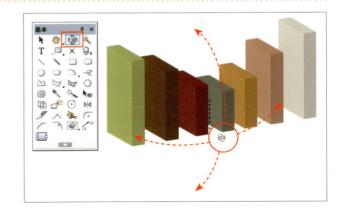

> 💡 **HINT**
>
> フライオーバーツールは、基本パレットのほかに、ツールセットの「3D」と「ビジュアライズ」にも属しており、機能は同じです。

ウォークスルーツール

ウォークスルーツールは、その場を歩き回って見ているように視点を移動することができます。「ツールセット」パレットの「ビジュアライズ」から「ウォークスルー」を選択し、マウスをドラッグしながら進みたい方向にカーソルを動かします。カーソルを画面の中心で止めると停止した状態となり、上に動かすと前進し、下に動かすと後退します。また、左や右に移動すると、大きく画面が動き、船が旋回するようなイメージで画面が動きます。いずれも上下左右に行くほどスピードが増します。

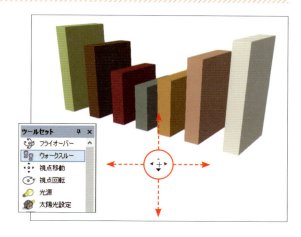

ショートカットキー

テンキーにはモデルの視点変更のショートカットキーが割り振られています。ノートパソコンの場合は［Num Lock］キーを押して、通常のキーボード配列とテンキー配列の切替えを行うと使用できます。

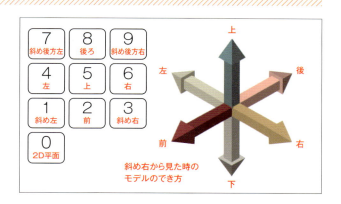

アングル設定

「ビュー」メニューの「アングルを決める」は、目の高さや見ている方向の高さを数値入力して設定するコマンドです。

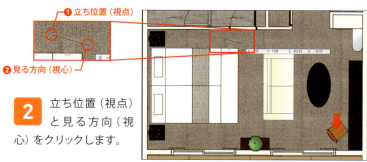

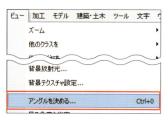

1 「ビュー」メニューから「アングルを決める」を選択します。

2 立ち位置（視点）と見る方向（視心）をクリックします。

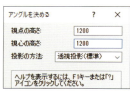

3 視点・視心の高さ、投影の方法を設定して、「OK」をクリックします。

> **REFERENCE**
> サンプルファイル「01_C2_アングル体験.vwx」を開くと体験ができます。

レンダーカメラ

　レンダーカメラは、カメラの焦点距離、視野、高さ、縦横比などを設定できます。カメラを配置した後でもデータパレットで設定を変更できます。ここでは基本的な設定方法を紹介します。

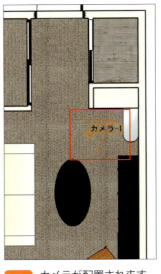

1 ツールセットの「ビジュアライズ」の「レンダーカメラ」を選択します。2D平面上で、立ち位置❶と見る方向❷をクリックします。

2 カメラが配置されます。

3 カメラの設定は、データパレットで細かく調整ができます。主な設定項目は右図の通りです。

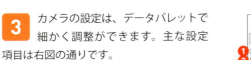

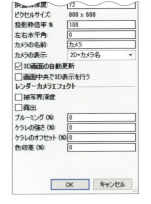

❶ カメラの高さを指定
❷ 視心（見る方向）の高さを指定
❸ 2D/平面の画面に戻る
❹ 空間を見る
❺ カメラの向きを変更する
❻ 投影の方法を設定
❼ レンダリングの種類を設定

4 「カメラをアクティブにする」ボタンをクリックすると、設定した視点とレンダリングが反映されます。初心者では少々難しいアングル設定も、結果を確認しながら数値などの調整ができるので、最適なアングルを比較的容易に決めることができます。

レンダリング

　レンダリングとは、モデリングしたデータを完成イメージとして画像生成するための計算方法のことです。光源を与えることで影などを計算し、図形をリアルに表現します。レンダリングは「ビュー」メニューの「レンダリング」から各種のレンダリングを選択するか、表示バーから実行します。さらに、Renderworksに搭載されているレンダリングは、高品質なレンダリングや手書きアート風のレンダリングなどがあります。

ワイヤーフレーム

　図はレンダリングをしていない状態です。3Dモデルはワイヤーフレームで構成されています。

OpenGL

　「OpenGL」はハードウエア側のアクセラレーター機能を活用することでほかのレンダリングよりも高速できれいなレンダリングができます。「ビュー」メニューから「レンダリング」→「OpenGL設定」を選択するとより高品質な表現になります。

> **REFERENCE**
> サンプルファイル「02_C2_RWレンダリング.vwx」を開くと体験できます。

RW-仕上げレンダリング

　最終的な仕上げに使用するレンダリングです。レイトレースされた影や、反射や屈折、透明度など、高品質な仕上がりが得られます。

RW-仕上げレンダリング

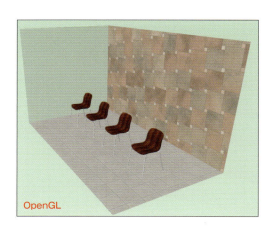

OpenGL

RW-カスタムレンダリング

「RW-カスタム設定」ダイアログでテクスチャの反映の有無や画質の度合い、影の有無などの詳細が設定ができます。背景放射光の「間接光」を組み合わせて設定することができます。

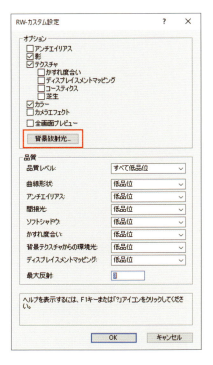

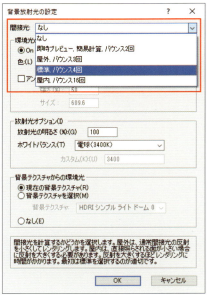

VW-陰線消去レンダリング

面の色を持たず、線だけを表現したレンダリングです。背後に隠れている図形の線を消去してレンダリングをします。

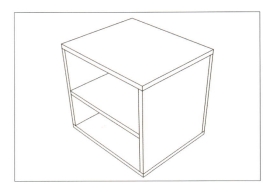

VW-陰線表示レンダリング

背後に隠れている線を点線で表現したレンダリングです。「VW-陰線レンダリングの設定」ダイアログで線の種類や濃さを設定します。

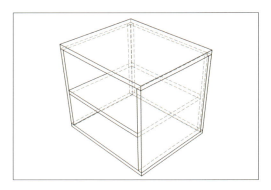

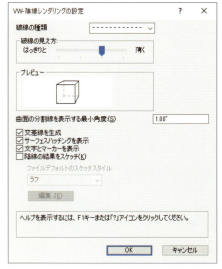

> 🔍 **REFERENCE**
>
> サンプルファイル「03_C2_VWレンダリング.vwx」を開くと体験できます。

COLUMN

テクスチャの変更方法について

体験サンプルファイル「C2_Render.vwx」を開いてレンダリング結果を確認後、テクスチャの変更方法について説明します。

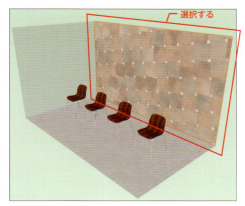

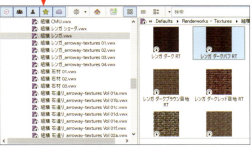

1 テクスチャを変更したい図形を選択します。

2 データパレットの「レンダー」タブをクリックすると、テクスチャの下に現在選ばれているテクスチャが表示されます。その部分をクリックすると、テクスチャ一覧が表示されるので、貼りたいテクスチャを選択します。

3 テクスチャの左下に「雲マーク」が付いている場合は、使用しているマシンの Vectorworks にまだテクスチャが存在していないことを示す印です。インターネットがつながっている環境下でダブルクリックするとダウンロードが始まります。

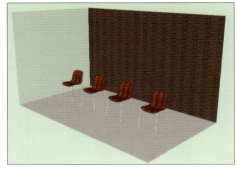

4 テクスチャが変更されました。

5 テクスチャをいろいろ変更し、OpenGL レンダリングと RW-仕上げレンダリングの違いを確認します。

1-2 3Dモデルの種類

多段柱状体

「多段柱状体」は、複数の 2D 図形の頂点をつなぎ合わせてできている形状です。仕上がりは、図形の前後関係によって変わります。図のように下面の図形が上面の図形より大きい場合は、台形のように勾配がある図形になります。また、2D 図形がずれた位置に配置されている場合、その位置でそれぞれの頂点をつなぐように傾斜した 3D モデルができ上がります。

複数の図形から成り立つ

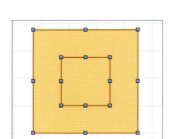

1 2D/平面で、柱状体の元となる 2D 図形を作図します。

2 「モデル」メニューから「多段柱状体」を選択し、「生成柱状体」ダイアログで 2D 図形に奥行きを設定し立体にします。

3 2D 図形を描いた順序によって、でき上がりの形が変わります。

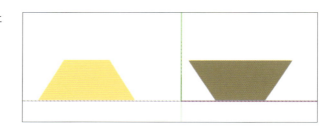

> ⚠ CAUTION
>
> **多段注状体の作図時の注意**
>
> 円を使用して多段注状体を作成する場合は、長円ツールの始点と終点の位置を揃えないと（四角形に内接する円作成モードは除く）、モデルがねじれてしまいます。

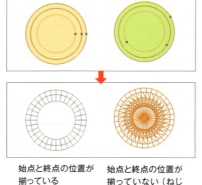

始点と終点の位置が揃っている　　始点と終点の位置が揃っていない（ねじれたモデル）

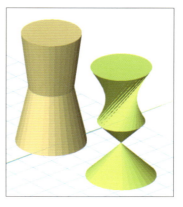

120

錐状体

「錐状体」は 2D 図形の高さ（奥行き）と傾き（斜度）を設定して作成します。斜度はデータパレットで変更することができます。斜度の値を負の数値（マイナス）にすると、すり鉢のように上に広がった形状になります。

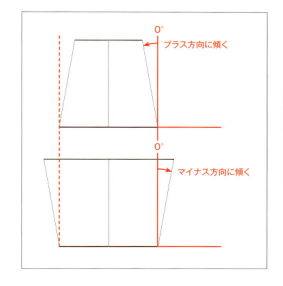

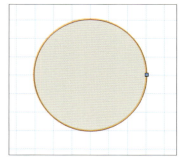

1 錐状体の元となる 2D 図形を作図します。

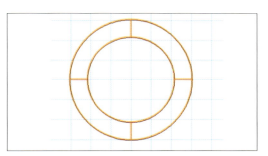

2 「モデル」メニューから「錐状体」を選択します。「生成錐状体」ダイアログで「高さ」と「斜度」を設定します。

3 変換されると、ワイヤーフレームの線の数がとてもシンプルに表示されます。

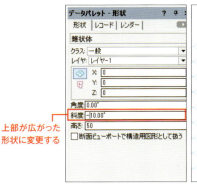

上部が広がった形状に変更する

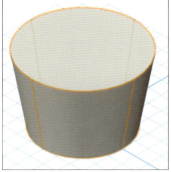

4 図は斜め右から表示し、「OpenGL」を実行したものです。

5 斜度はデータパレットで変更します。

回転体

「回転体」は 3D モデルの断面形状となる 2D 図形を作成し、回転軸を指定してモデルを作成します。回転軸は基本パレットの 2D 基準点ツールで基準点を配置してコマンドを実行します。基準点を配置しない場合、回転軸は図形の左端に設定されます。

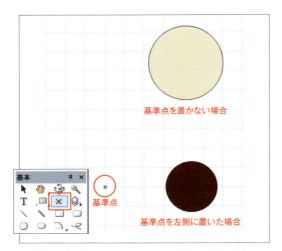

「角度」の設定
「開始角度」：回転を開始する角度を指定
「円弧のなす角度」：回転角度を指定。「360」で 1 回転になる
「分割角」：回転体を作る線分の数を指定・数が多いほど滑らかになるが、動作が遅くなる場合がある
「ピッチ」：1 回転ごとの開始位置から終了位置までの高さ（ずれ）を指定

1 回転体の元となる 2D 図形を作図します。円の図形を図のように作成します。回転軸を指定する場合は、基本パレットの 2D 基準点ツールで基準点を作図し、回転する図形と基準点を選択します。

2 「モデル」メニューから「回転体」を選択し、「生成回転体」ダイアログでサイズ、角度を設定します。今回はそのまま「OK」をクリックします。

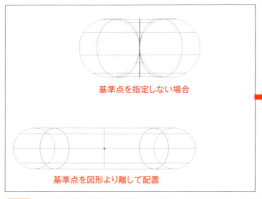
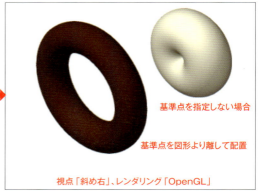

3 断面形状が円の場合、基準点を指定しない場合は図形の左端を軸に図形が回転します。基準点を円から離すとドーナツ状になります。

回転体で球体を作る場合

球体を回転体で作成する場合、断面形状になる半円図形を作成し、「モデル」メニューから「回転体」を実行します。

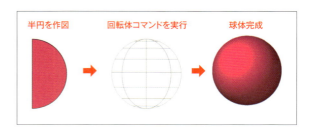

球体をモデリングするもう1つの方法は、球ツールを使う方法です。ツールセットパレットから「3D」の「球」を選択し、ドラッグして作成します。

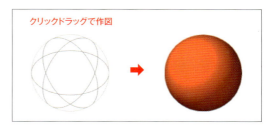

器の作成

例えば、テーブルの上や床の上に置く立ち上がった状態のモデルは、視点を切替えてから作成します。

右の例では視点を「前」に切替えて器の右半分の形状を2Dで作図し、回転しています。

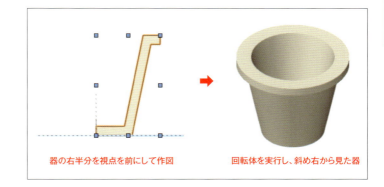

器の右半分を視点を前にして作図　　回転体を実行し、斜め右から見た器

3Dパス図形

「3Dパス図形」は、断面形状となる図形をパス（動線）に沿ってつなぎ合わせて作成します（右図）。

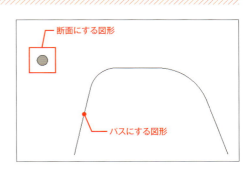

断面にする図形
パスにする図形

1 はじめに、パスとなる図形を作図します。アクティブな基準面を「スクリーンプレーン」に、視点を「前」に切替えてからパス図形を作図します。

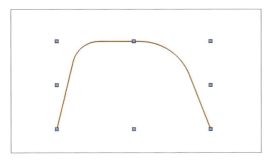

2 パスにする図形を作図します。この例題では、多角形ツールで作図後、2箇所の頂点を変形ツールの「頂点変更」モードを使って丸みを付けました。図形の形は任意です。

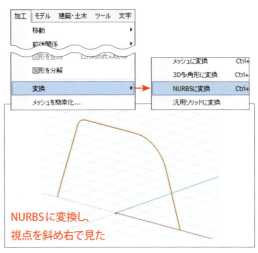

NURBSに変換し、視点を斜め右で見た

3 「加工」メニューから「変換」の「NURBSに変換」を実行します。図の図形は変換後、斜め右から見た視点になります。

Chapter 2　Vectorworksでできる！-3D

123

4 次に断面にする図形を作図します。断面図形はどの視点からでも作図が可能です。現在の斜め右から見た視点から、円ツールで円を作図します（右図）。

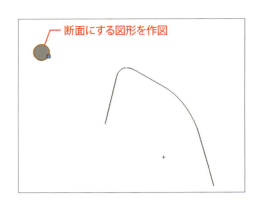

5 断面にする図形とパスにする図形を選択し、「モデル」メニューから「3Dパス図形」を選択します。

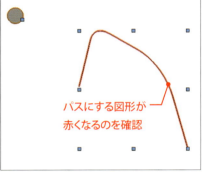

6 ダイアログが表示され、パスの図形が赤くなったことを確認したら「OK」をクリックします。

7 パス図形ができました。

パス図形の編集

変換した3Dパス図形は、変換後にパスや断面の編集を行うことができます。ここでは、図形に空洞を作りパイプ状にする方法を紹介します。

断面の編集

3Dパス図形作成後に、断面やパスの形状を変更することができます。編集するにはパス図形をダブルクリックし、ダイアログで指定します。**3**の図は断面図形の円に消しゴムツールで空洞を作り、編集ダイアログを抜けた結果のモデルになります。

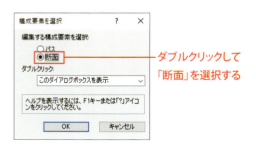

1 モデルをダブルクリックし「構成要素を選択」ダイアログの「断面」を選び「OK」をクリックします。

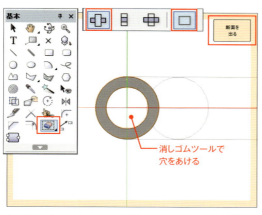
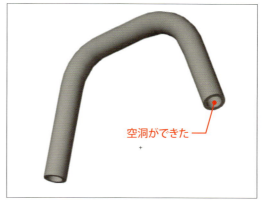

2 消しゴムツールを選択し、「円」モードに切替えて、断面の中心部分から図形に穴をあけ、終わったら画面右上の「断面形状を出る」ボタンをクリックします。

3 パス図形の断面形状を編集することにより、空洞ができました。

プッシュ／プル

プッシュ／プルツールはコマンドを実行せずに感覚的にかつ正確な数値指定で柱状体を作成するツールです。

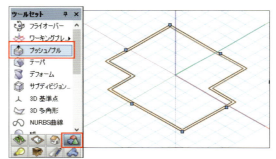

1 図は2D/平面からダブルラインツールで図形を作図し、斜め右の視点を見ています。

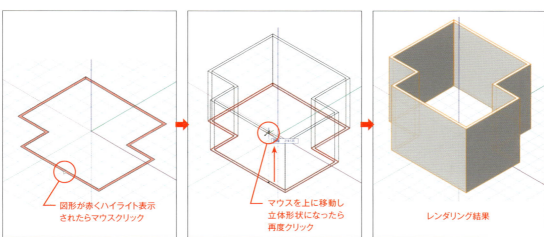

2 プッシュ／プルツールを選択し、カーソルを図形に近づけて赤くハイライト表示されたら、図形をクリックし上方向に引っ張る感覚で移動するとモデルが立ち上がります。再度クリックしてモデルの完成です。

3D 多角形

「3D 多角形」は高さ、あるいは奥行き（厚み）のない、体積を持たない 3D モデルです。下図は柱状体を斜め右から見たモデルです。

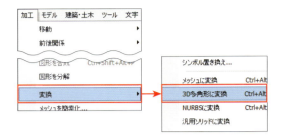

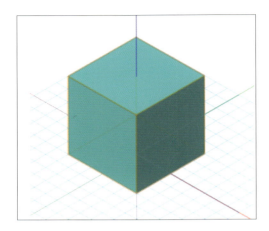

1 柱状体のモデルを選択して、「加工」メニューから「変換」→「3D 多角形に変換」を実行します。

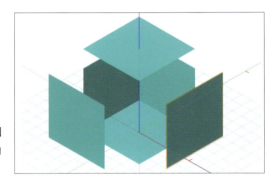

2 変換直後はグループ図形になっています。図はグループ解除を実行し、マウスで 3D 多角形の各面を移動した結果です。

1-3 3D モデルの編集と加工

削り取る

3D モデル同士を組み合わせたり、削り取ったりなどの加工や編集を加えることでさまざまな形状を作成できます。

削り取るコマンドを使って重なり合ったモデルを削り取ることができ、削り取った後もモデルをダブルクリックすることで、削り取る前の編集画面に戻すことができるのが特徴です。

 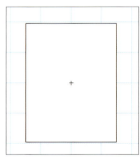

1 図のように 2D 図形を作図します。

2 「モデル」メニューから「柱状体」を選択し、「奥行き」を「300」にして「OK」をクリックします。

126

 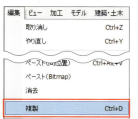 

3 モデルを選択し、「編集」メニューから「コピー」を選択し、続けて「編集」メニューから「ペースト（同位置）」を実行します。データパレットから「高さZ」を「15」に変更します。別の方法では、「編集」メニューの「複製」を選択すると、2つの工程を1度で終わらせることができます。

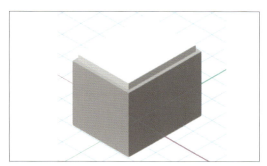

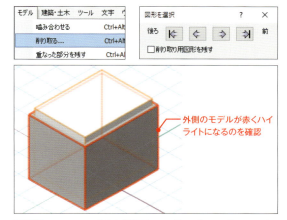

4 図は斜め右から見て、レンダリングをOpenGLにした結果です。

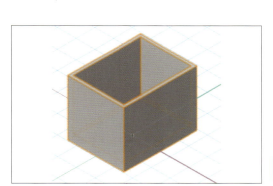

5 2つのモデルを選択して、「モデル」メニューから「削り取る」を実行します。外側のモデルが赤くハイライトに表示されたらOKをクリックします。

6 モデルの削り取りが実行されました。

さらに削り取る

削り取られた箱型モデルに、持ち手の穴を作成するため、さらにモデルを作成して削り取りを実行します。持ち手を付けたい視点に変更します。ここでは「前」に変更します。

持ち手のモデルを作成する

削り取りを実行

削り取りの編集

持ち手のモデルの形状を変更します。

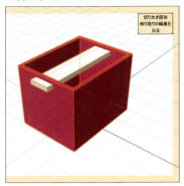
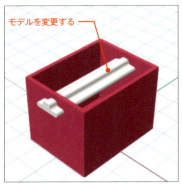
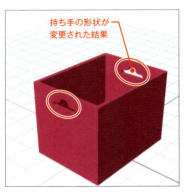

1 編集したいモデルの上でダブルクリックすると、オレンジ色に囲まれた編集画面に入り、削り取る前のモデルが表示されます。

2 元の持ち手でのモデルを削除し、新たな形状のモデルをこの編集の中で行います。

3 新たなモデルが完成したら「切り欠き図形 削り取りの編集を出る」ボタンをクリックします。

噛み合わせる

噛み合わせは、図のように、色分けされたそれぞれのモデルで形成されているモデルを噛み合わせて一体化するコマンドです。同じ色でレンダリングすればさほど目立ちませんが、ワイヤーフレームにすると、複雑に作られている形状がよくわかります。

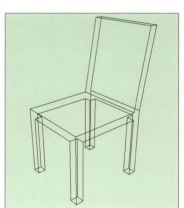

1 「モデル」メニューから「噛み合わせる」を実行します。レンダリングするとその違いがわかりませんが、ワイヤーフレームを見るとモデルの線が結合されすっきりとした見た目に変わっています。

🔍 REFERENCE

サンプルファイル「04_C2_3Dモデル加工.vwx」を開き、「登録画面」から「噛み合わせる」をダブルクリックすると体験できます。

重なった部分を残す

このコマンドは、モデル同士が重なり合った部分だけを残します。

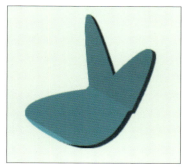

右から見たモデル　　斜め右から見て「OpenGL」でレンダリングしたモデル

1 図は、視点を「右」に変更して、ダブルライン多角形で作図した後、フィレットで角を丸くし、「モデル」メニューの「柱状体」を実行したモデルです。

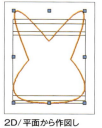

2D/平面から作図しモデルに変換

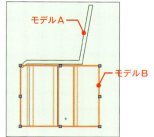

モデルA
モデルB

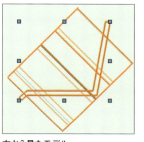

右から見たモデル

斜め右から見たモデル

2 もう一方のモデルBは、2D/平面から形を作り、柱状体に変換します。

3 図のモデルBを右から表示し、回転ツールでモデルを回転させ、重なり合うように調整します。

4 2つのモデルを選択し、「モデル」メニューから「重なった部分を残す」を実行します。

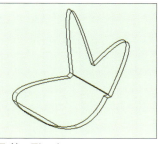

ワイヤーフレーム

OpenGL

> 🔍 **REFERENCE**
>
> サンプルファイル「04_C2_3Dモデル加工.vwx」を開き、「登録画面」から「重なった部分を残す」をダブルクリックすると体験できます。

曲面で切断

曲面でモデルなどを削り取るコマンドです。切断した面に使用したモデルの色属性を使用することもできます。

切断用のモデル

1 図は、視点を前に切替え図形を柱状体に変換。文字は「文字を多角形に変換」し、図形をグループ解除して柱状体に変換したものです。

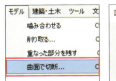  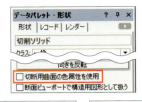

2 モデルを選択し「モデル」メニューから「曲面で切断」を選択します。「図形を選択」ダイアログの「前」「後ろ」の矢印ボタンで、カッターになる3Dモデル（曲面図形）を選択し「OK」をクリックします。

3 データパレットの「切断曲面の色属性を使用」にチェックを入れると右のような結果になります。

3Dフィレット

ツールセットパレットの「3D」にもモデルを加工する機能が収まっています。図のようにエッジの効いているテーブルの天板にフィレットを実行し、モデルを滑らかに変換します。

> **REFERENCE**
>
> サンプルファイル「04_C2_3Dモデル加工.vwx」を開き、「登録画面」から「曲面切断」「3Dフィレット」をダブルクリックすると体験できます。

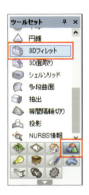  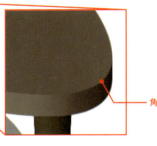

1 3Dフィレットツールを選択し、カーソルを天板に近づけ、赤く太いラインが表示されたら天板をクリックします。設定ボタン🗙をクリックし、「3Dフィレット」ダイアログで「半径（正対称）の指定」の「半径」に2と入力し、「OK」をクリックします。最後に緑のチェックボタン✓をクリックすると、天板の角にフィレットが設定されます。
「複数の面を選択」は、一度にモデルの面を指定できます。「すべてのエッジを選択」は、[Shift]キーを押さなくても、モデルのエッジをすべて選択できます。

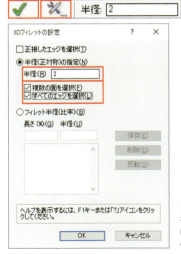 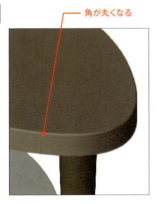

「複数の面を選択」は一度にモデルの面を指定できる。「すべてのエッジを選択」は、[Shift]キーを押さなくても、モデルのエッジをすべて選択できる

3D面取り

1 四角形を柱状体にしたモデルを作図します。「3D面取り」を選択し❶、設定ボタンをクリックし❷、ダイアログの「正接したエッジを選択」のみにチェックを入れます❸。四角形の角をクリックし赤くハイライトになったら❹、セットバックに「10」と入力し❺、緑のチェックをクリックします❻。

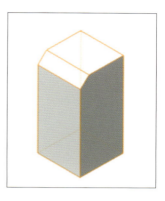

多段曲面

1 「多段曲面」は、複数のNURBS曲面をつなぎ合わせたモデルを作成するツールです。

既に例としてNURBS曲線を3つ作図してあります。NURBS曲線を上から順にクリックすると、赤い曲線で結ばれた線が表示されます。表示バーの緑のチェックか [Enter] キーを押します。

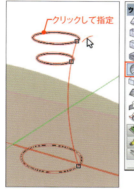

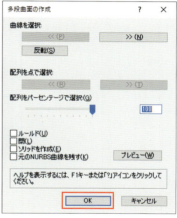

> **HINT**
> ダイアログ右下の「プレビュー」ボタンを押すと、多段曲面の結果のプレビューが確認できます。

> **REFERENCE**
> サンプルファイルの「04_C2_3Dモデル加工.vwx」を開き、登録画面の「多段曲面」をダブルクリックすると体験操作ができます。

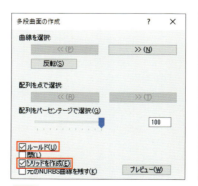
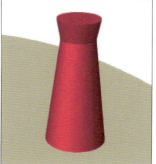

2 多段曲面ができました。

3 「多段曲面の作成」ダイアログで、「ルールド」と「ソリッドを作成」にチェックを入れると右上図のような結果になります。

シェルソリッド

「シェルソリッド」はソリッドモデルの内側もしくは外側に、指定した厚みでソリッドモデルを生成するツールです。

  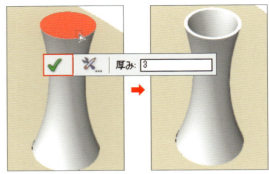

1 「シェルの設定」ダイアログで、厚みとシェルの場所（内側または外側）を指定し「OK」をクリックします。

2 上面が赤く表示されたらクリックし、緑のチェックをクリックするか［Enter］キーを押します。

抽出

「抽出」はソリッドの面からNURBS曲面を抽出するツールです。

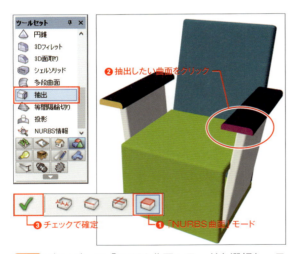 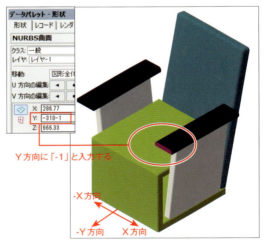

1 表示バーの「NURBS曲面」モードを選択し、モデルの曲面をクリックします。緑のチェックまたは［Enter］キーを押します。

2 データパレットで、「Y:」に表示されている数値の後ろに「-1」と入力し［Enter］キーを押します。

> **REFERENCE**
> NURBSの詳細はChapter4の「1-1 NURBSについて」で解説しています。

> **REFERENCE**
> サンプルファイル「04_C2_3Dモデル加工.vwx」を開き、登録画面の「抽出と投影」をダブルクリックすると体験できます。

投影

「投影」は NURBS 曲線を投影図形として切断やトリミング、押し出しを行うツールです。

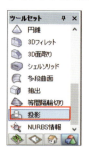

1 図❶は、前の視点から図形を生成し、NURBS に変換した図形です。

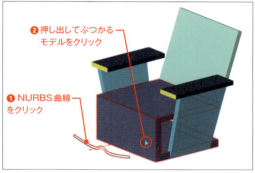

2 最初に NURBS 曲線をクリックし、押し出して到達するモデルでクリックすると、その部分にモデルが投影、生成されます。

❶ NURBS 曲線をクリック
❷ 押し出してぶつかるモデルをクリック

3 投影されたモデルが完成しました。

COLUMN

ワーキングプレーン設定ツール

作成したモデルの面にワーキングプレーン設定をすると、その面を平面として取り扱うことができます。❶のようにテーブルの上、テーブルの下の棚部分等、直接その面からモデルの作成を直感的に行うことができるツールです。棚部分が紫の面の色になったらクリックします。❷は四角形ツールで四角形を作成し、プッシュ／プルでモデルを作成しました。❸❹は、テーブルの天板の上でクリックし、円錐ツールを使って、天板の面から直接モデルを生成した一例です。

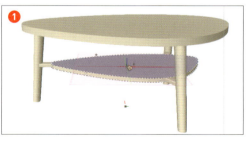
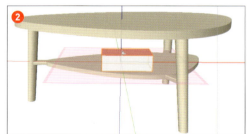
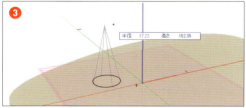
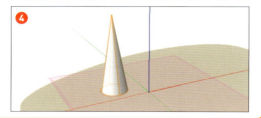

SECTION 02 家具の作成

一通りのモデル作成、テクスチャの貼り付け方法を学んだところで、収納棚とソファのモデルを作成する練習をします。単純な柱状体で作成する板を組み合わせるだけで、いろいろな造作家具がデザイン、作成できるようになります。

作例完成イメージ

練習課題：収納棚

練習課題：ソファ

テクスチャを貼る方向に意識を向けることで、板目の使い方を考えながら実際に作れる家具のモデリングを身に付けることができます。収納棚作成では、それ以外に効率のよいモデルの作成方法の一例として、作ったモデルをミラー反転複写ツールを活用する方法の解説をします。

2-1 収納棚の作成

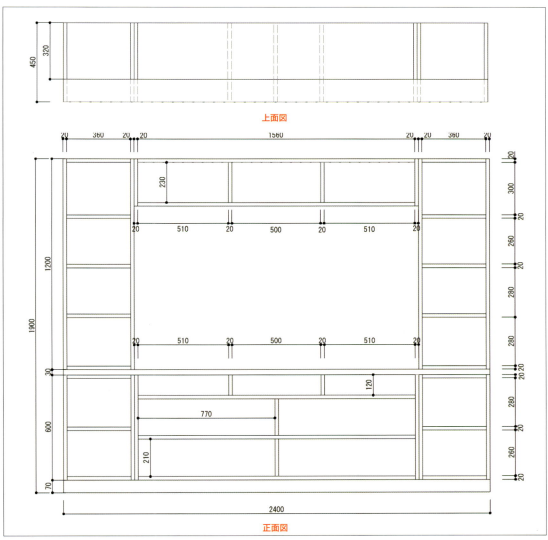

テンプレート：05_C2_収納棚練習.sta

ベースを作成する

1 テンプレートの「05_C2_収納棚練習.sta」を開き、右クリックでコンテキストメニューから「縮尺」を選択し「1:15」に設定します。

2 四角形ツールをダブルクリックして「幅」「2400」、「高さ」「450」、位置決めする点を「中上」に設定して、用紙の中心でクリックします。続けて四角形を柱状体に変換します。「モデル」メニューから「柱状体」を選択し、「奥行き」を「70」と入力し「OK」をクリックします。ベースのモデルができました。

側板を作成する

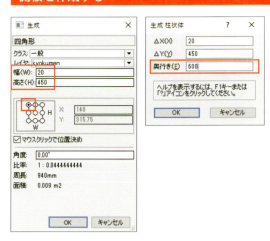
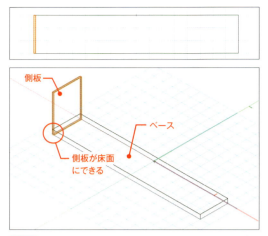

1 再び四角形ツールをダブルクリックし、「幅」「20」、「高さ」「450」、位置決めする点を「左上」に設定して、ベースのモデルの左上でクリックし配置します。
続けて柱状体に変換し、「奥行き」を「600」と入力し「OK」をクリックします。

2 ベースと側板が配置できたら、視点を「斜め右」にしてモデルを確認します。2D/平面（上）で作図したモデルは、必ず床面上にあります。

3 側板をベースの厚みの高さ70mmに移動します。

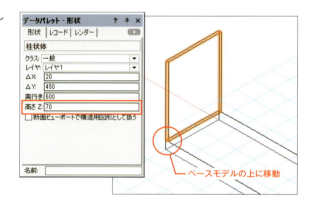

棚板を作る

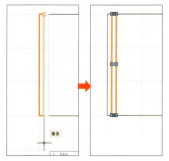
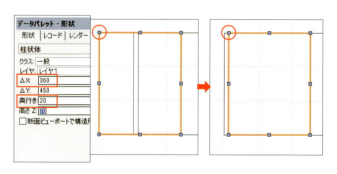

1 側板を利用し、ミラー反転複写ツールで板の右側に反転複写します。

2 データパレットの「ΔX」を「360」、「奥行き」を「20」に変更し、[Enter]キーを押して、図の位置に移動します。

側板の複製

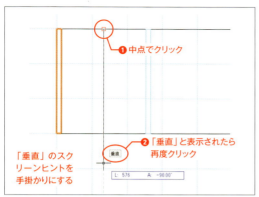

1. 左側の側板を選択し、ミラー反転複写ツールで棚板の中心を軸として反転複写します。

2. 図は斜め右から見た視点です。

3. 視点を「前」に変更します。❶の図形を複製後、Y方向に「280」移動します❷。
移動した図形を再度複製し、❸の位置からY方向へ「300」移動します❹。これで棚板の完成です。

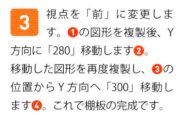

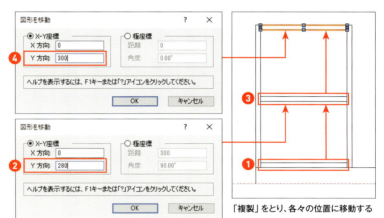

> **HINT**
> 複製は、[Ctrl] (Mac：[⌘]) + [D]キー、もしくは「編集」メニューから「コピー」を選択し、続けて「ペースト（同位置）」で行えます。

上部棚板の作成

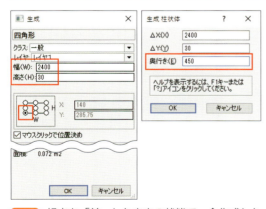

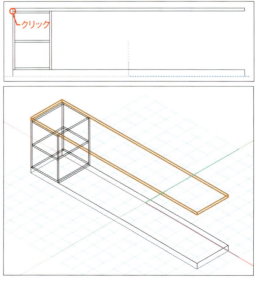

1. 視点を「前」したままの状態で、今作成したモデルの上に上部の棚板を作成します。四角形ツールをダブルクリックし「幅」を「2400」、「高さ」を「30」、位置決めする点を「左下」にして「OK」をクリックします。
棚板の真上に上部棚板を配置し、柱状体で「奥行き」を「450」と入力し「OK」をクリックします。

2. 図は上部棚板を柱状体に変換後、斜め右から見た結果です。

棚を複製する

1 視点を「前」にし、左側の棚を選択します。ミラー反転複写ツールを使って、上部棚板の中心を軸に垂直方向にミラー反転複写を実行します。

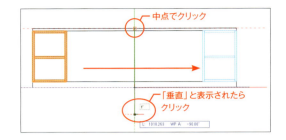

2 左側の側板をミラー反転複写し、続けて天板の中点を基点としてミラー反転複写して中央部分の棚の作成をします。

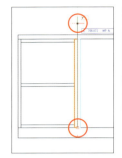
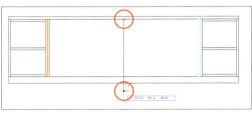

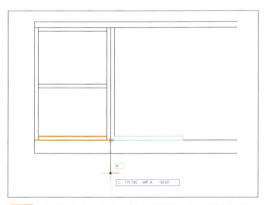

3 再利用できそうな板を選択して、寸法を見ながら収納棚下部のモデルを完成させてください。

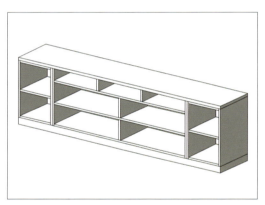

5 図は斜め右から表示して、レンダリングをした結果です。

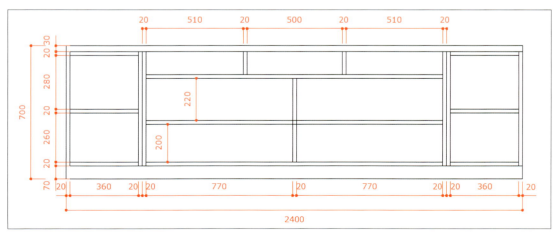

4 収納棚下部が完成しました。

収納棚板上部の作成

収納棚板上部を作成します。ここでもミラー反転ツールを使った作成方法で家具を完成させていきます。

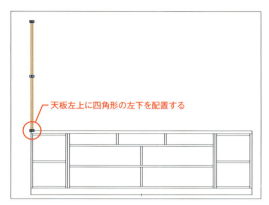

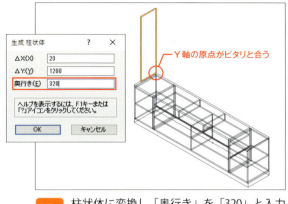

1 まず、視点を「前」に変更し、四角形ツールをダブルクリックして「幅」を「20」、「高さ」を「1200」、「位置決めする点」を「左下」にセットし「OK」をクリックします。

2 柱状体に変換し「奥行き」を「320」と入力し「OK」をクリックします。図の変換後、「斜め右」から表示しました。

3 上部側板をミラー反転複写で作成します。

HINT

2のように、板の位置が目的通りに配置しているのは、モデルを一番はじめに作図する際の配置位置を、2D平面で表示した際、四角形を「位置決めする点」の「中上」と用紙の中心を軸点として合わせたことにより、視点を前に変更してモデル変換しても、用紙の中心（X=0,Y=0）のY軸が前に向かってモデルが付き出て作られるため、作った後にモデルをわざわざ移動しなくてよくなるのです。

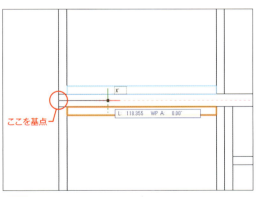

4 下部棚板を利用して上部棚板としてミラー反転複写を実行します。

5 データパレットから「ΔY」を「320」に変更します。

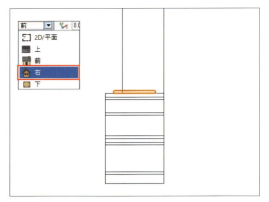

6 視点を「右」に変更します。

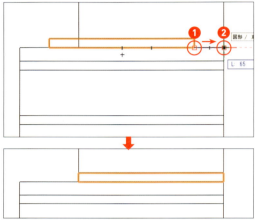

8 棚板の右下をクリックし❶、上部側板の右下をクリックします❷。

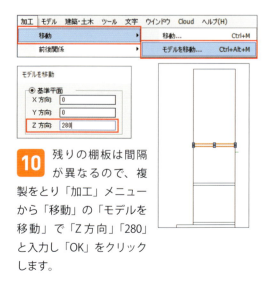

10 残りの棚板は間隔が異なるので、複製をとり「加工」メニューから「移動」の「モデルを移動」で「Z方向」「280」と入力し「OK」をクリックします。

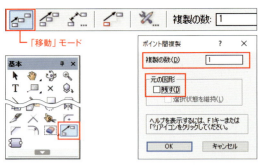

7 ポイント間複製ツールの「移動」モードを使って棚板を移動します。「ポイント間複製」ダイアログが表示されたら、「複製の数」を「1」とし、「元の図形」の「残す」のチェックをはずします。

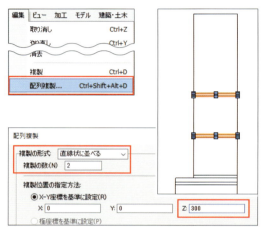

9 移動した棚板を選択した状態で、「編集」メニューから「配列複製」を選択し、「複製の形式」を「直線状に並べる」、「複製の数」を「2」、「複製位置の指定方法」の「X-Y座標を基準に設定」の「Z」に「300」と入力し「OK」をクリックします。

11 2枚目の板も、今移動したモデルを複製し、「Y方向」に「300」移動します。

140

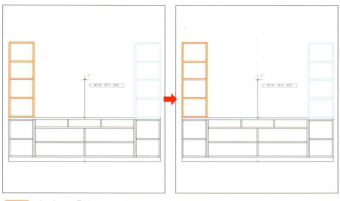
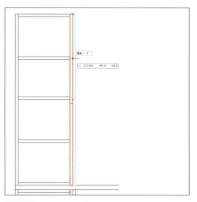

12 視点を「前」に切替え、左側の棚を選択し、天板の中点を基点にしてミラー反転複写します。

13 左の上部棚の右の側板を選択し、ミラー反転複写します。

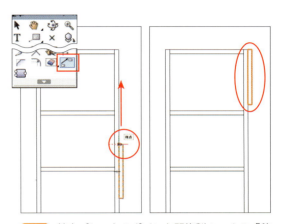

14 データパレットで、ミラー反転したモデルの「ΔY」を「270」にサイズ変更します。

15 基本パレットのポイント間複製ツールの「移動」モードを使い、サイズ変更した側板を図のように移動します。

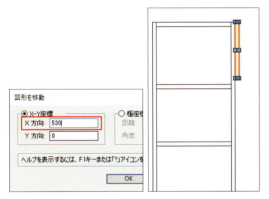
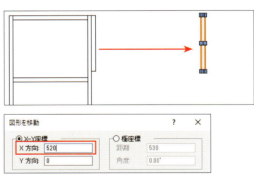

16 棚の上部に移動したモデルを「複製」し、「X方向」に「530」移動します。

17 移動した図形を選択した状態で、続けて「X方向」に「520」移動します。

18 同じように、移動した図形を選択した状態で、「複製」を実行し、「X方向」に「530」移動します。

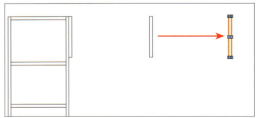

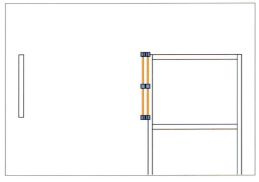

19 セレクションツールに戻し、縦線の端部にカーソルを近づけ「リサイズカーソル」になったらクリックして図を参考に長さを変更します。

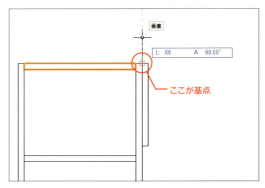

20 図の棚板をミラー反転し再利用します。図形を選択し、ミラー反転ツールを選択し、図の部分を「垂直」方向に基点を決めクリックします。

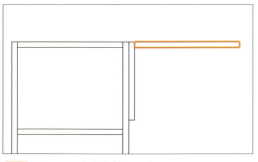

21 ミラー反転した結果です。

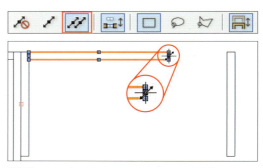

22 セレクションツールに戻し、右側の図形の「中点」にカーソルを近づけ「リサイズカーソル」になったらマウスをクリックして棚の右端までマウスでリサイズをします。

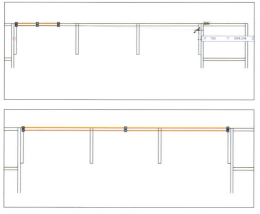

23 図形のサイズ変更が完了しました。

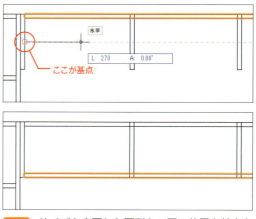

24 サイズを変更した図形を、図の位置を基点として、ミラー反転をします。

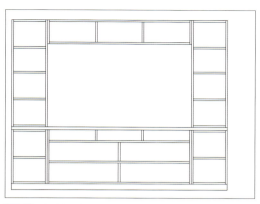

25 収納棚が完成しました。続いてレンダリングを行います。

26 レンダリングの「OpenGL」を選択します。図は斜め右から見たモデルです。

27 モデルをすべて選択し、リソースマネージャから木材のテクスチャを選択して貼り付けます。一度に貼り付ける場合は、あらかじめモデルをすべて選択します。

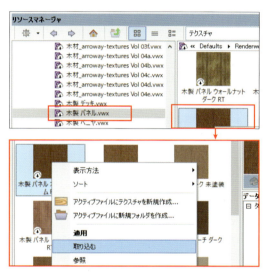

28 「Vectorworks ライブラリ／Defaults／Renderworks-Textures／木材／木製パネル／木製パネルオーク - ミディアム RT」を選択し、テクスチャの上で右クリックし「適用」もしくは「取り込む」を選択します。

> ⚠ **CAUTION**
>
> **28**でライブラリを取り込む場合は、インターネットにつながっている環境下で操作してください。

29 収納棚にテクスチャが貼り付けられました。

Chapter 2　Vectorworksでできる！3D

143

テクスチャの向きの変更

一度にテクスチャを貼り付けると、思った方向と異なる方向にテクスチャが貼り付けられる場合があります。

その場合は、その部分のモデルのみを選択し、データパレットの「レンダー」タブに切替え、「回転」を「90」に変更したり、スライダーを動かすことにより、テクスチャの方向を変更することができます。

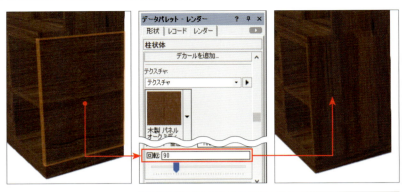

完成しました。図は、収納棚の背面に壁を立て、床には 3D 多角形を敷いて RW 仕上げレンダリングと背景放射光のバウンス（標準）でレンダリングした結果です。

COLUMN

モデルがグループ化されている場合

グループ化されたモデルはそのまま選択をし、テクスチャを変更すると、各々に付いていたテクスチャがすべて同一のテクスチャに変更されます。一部のテクスチャを変更したい場合、「加工」メニューから「グループに入る」を選択するか、モデルの上でダブルクリックすると、図のようにオレンジ色の枠に囲まれたグループ編集画面となり、個々の編集が可能になります。

モデルがシンボル化されている場合

シンボル登録されたモデルは、色、形、テクスチャ等を変更することができません。変更したい場合は、「加工」メニューから「シンボルに入る」を選択するか、モデルをダブルクリックして、表示されたダイアログに従うと編集画面に入ることができます。

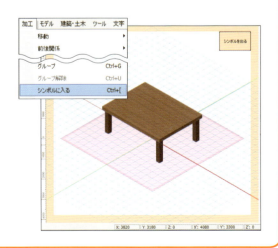

2-2 ソファの作成

作例完成イメージ

本体のモデリング

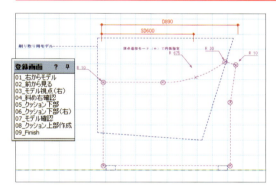
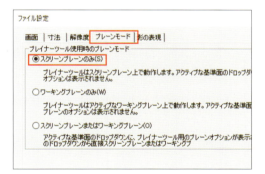

1 テンプレートの「07_C2_ソファ練習」を開きます。ここでは、画面登録に従ってモデルを作成していきます。画面登録は名称の上でダブルクリックして実行します。スタート画面は「01_右からモデル」に設定されていますのでそのまま始めてください。

2 基準面の「オプション」を選択し、ダイアログの「スクリーンプレーンのみ」を選択します。

3 多角形ツールで⊗印がある点線をトレースします。

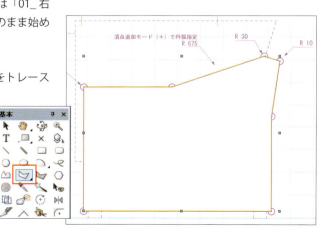

ベースを作成する

1 基本パレットのフィレットツールを使ってテンプレートの表示に従ってフィレットをかけます。

> ⚠ **CAUTION**
> フィレットツールを使用してフィレットをかけてください。変形ツールの「頂点変更」モードでは頂点が消えてしまうので、操作の手順に注意してください。

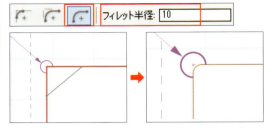

2 各角にフィレットツールでフィレットをかけ終わったら、本体部分の直線的な部分を一部曲線に変形します。変形ツールの「頂点追加」モードの3点を通る円弧オプションで、フィレット半径を675と入力し「OK」をクリックします。

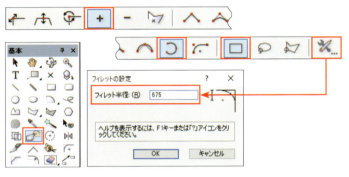

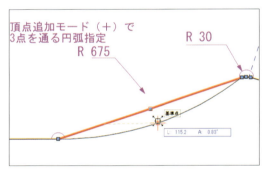

3 辺の中心の青い点のカーソルが変更したら、マウスをドラッグして曲線に変換します。

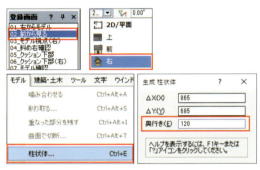

4 登録画面の「02_モデルを右から見る」をダブルクリックし、視点を「右」に切替えます。「モデル」メニューから柱状体を選択し、奥行きを「120」と入力し「OK」をクリックします。

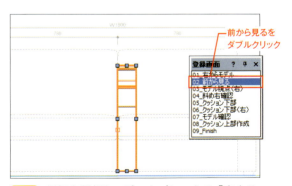

5 側板を選択し、データパレットの「高さZ」を「70」に変更します。

6 中心にでき上がったモデルを右に「780」移動します。

146

7 続けてモデルを複製して、左に「-1680」移動します。

側板の複製

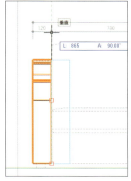
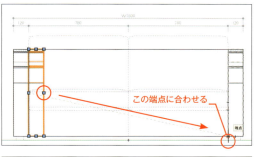

1 移動した左の肘部分のモデルを右隣にミラー反転します。

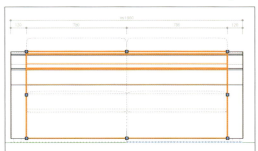

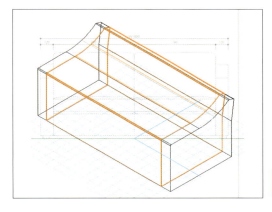

2 ミラー反転したモデルの右中心部の青いポイントにマウスを近づけリサイズカーソルに変わったら、図の端点にマウスを合わせてリサイズします。

3 図は斜め右から見たモデルです。このモデルを利用して本体部分を編集していきます。

削り取るモデルを作る

1 画面登録「01_右からモデル」をダブルクリックして、削り取り用のモデルを作成します。

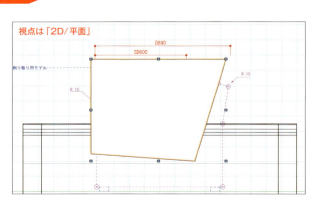

視点は「右」

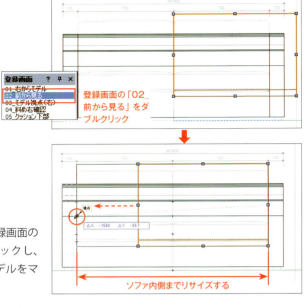

2 登録画面の「04_モデル視点（右）」をダブルクリックしてから、「モデル」メニューから柱状体を選択し、「奥行き」を「1000」と入力して「OK」をクリックします。

3 削り取るモデルが完成したら、登録画面の「02_前から見る」をダブルクリックし、ソファの内側に合わせて左右に伸びたモデルをマウスでリサイズします。

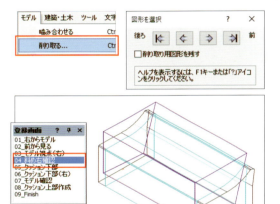

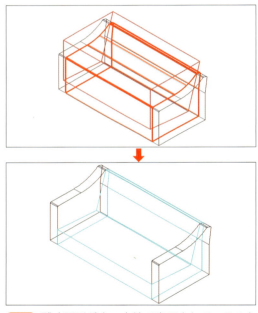

4 登録画面の「04_斜め右確認」をダブルクリックして、削り取るモデルと本体のモデルを選択します。図は見やすくするために色分けで解説しています。

5 残す図形が赤い太線で表示されているのを確認し、「OK」をクリックします。図は削り取った結果です。

6 ソファ本体部分が削り取られた結果です。図は OpenGL レンダリングした結果です。

148

脚のモデル作成

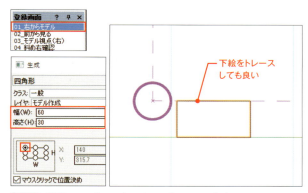

1 登録画面「01_右からモデル」をダブルクリックしたら、続けて四角形ツールをダブルクリックします。「幅」を「60」、「高さ」を「30」、位置決めする点を「左上」にセットし「OK」をクリックします。脚部分の下絵の上でクリックし配置します。

2 登録画面「03_モデル視点（右）」をダブルクリックし、「モデル」メニューの柱状体から、奥行きを「60」と入力し「OK」をクリックします。

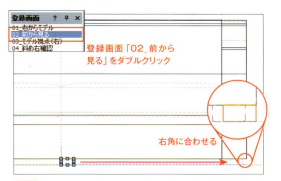

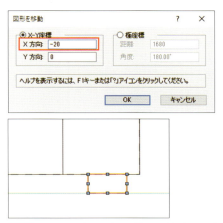

3 登録画面の「02_前から見る」をダブルクリックして、ソファの右角に脚をマウスで移動します。

4 脚のモデルを左に「-20」移動します。

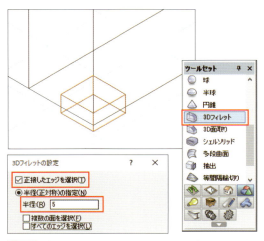

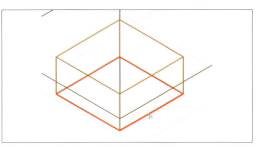

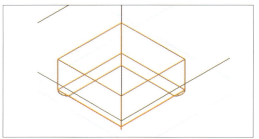

5 脚の一部に3Dフィレットを実行します。ツールセットパレットから「3Dフィレット」を選択し、表示バーの設定ボタンをクリックし、「正接したエッジを選択」にチェックを入れ、半径を「5」にして「OK」をクリックします。

6 視点を斜め右に変更し、図のように床に付く部分を［Shift］キーを押しながら選択していき、選択できたら［Enter］キーをクリックします。

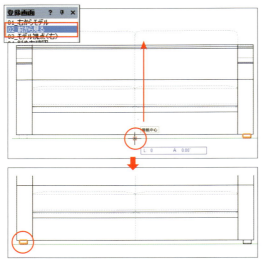
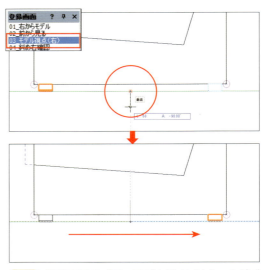

7 登録画面の「02_前から見る」をダブルクリックし、ミラー反転複写で左側にも脚を複製します。「用紙中心」のヒントが表示されたらクリックし、垂直方向へカーソルを伸ばしクリックします。

8 登録画面の「03_モデル視点（右）」をダブルクリックします。前部分の脚モデル2つを選択し、ミラー反転複写で後ろ部分の脚も複製をとります。

9 登録画面の「04_斜め右確認」をダブルクリックして、全体を表示します。本体と脚部分が完成しました。

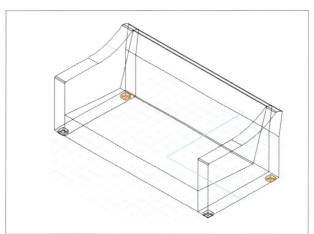

クッション（下部）の作成

本体の座面の部分に使用するクッションを作成します。

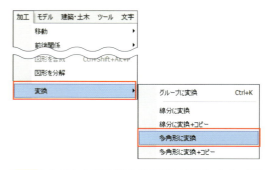

1 登録画面の「05_クッション下部」をダブルクリックします。四角形ツールで下絵をトレースします。

2 作図した四角形を多角形に変換します。「加工」メニューから「変換」の「多角形に変換」を実行します。

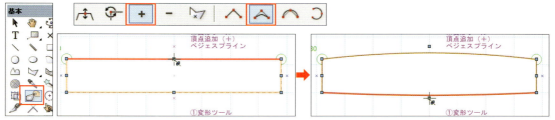

3 変形ツールを選択し、表示バーから「頂点追加」モードの「ベジェスプライン曲線オプション」モードに設定し、下絵のように上下それぞれ変形をします。

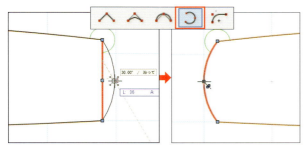

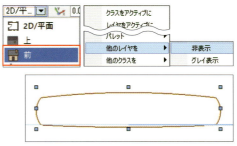

4 続いて、表側の直線的な部分に丸みを付けます。「頂点追加」モードの「3点を通る円弧」オプションを選び、テンプレートの下絵の位置まで頂点を伸ばし丸みを付けます。

5 視点を「前」に変更し、図形のない場所で右クリックして「他のレイヤ」を「非表示」にします。

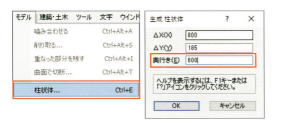

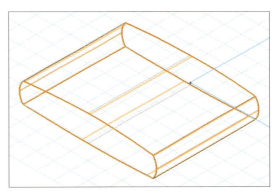

6 「モデル」メニューから「柱状体」を選択し、「奥行き」を「600」と入力し「OK」をクリックします。

7 視点を斜め右に変更します。

モデルの加工準備をする

次は、モデルの前方に丸みを付けるために、抽出ツールを使って加工をしていきます。

1 ツールセットの3Dから「抽出」を選択し、「NURBS曲面」モードを選びます。図の面が赤く表示されたらクリックし、[Enter]キーを押します。

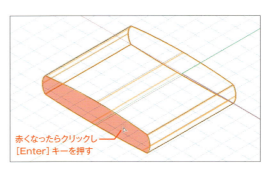

2 抽出した面を、プッシュ／プルツールで押し出します。ツールを選択し、抽出した面が赤く表示されたらクリックし、手前の方向にカーソルを移動します。[Tab] キーをクリックし、「距離」を「100」と入力したら [Enter] キーを押します。

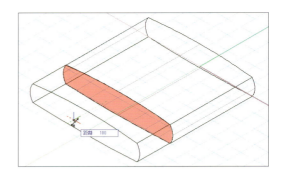

3 登録画面から「06_クッション下部（右）」をダブルクリックします。

4 円弧ツール上で右クリックし四分円ツールを選択します。図のように、中心からモデルの角に向かって四分円を作成します。四分円が反対になってしまう場合は、逆の方向からクリックしてみてください。上が作図できたら、下も同様に作図します。四分円が逆に作図されてしまう場合は、下から上に作図してみてください。

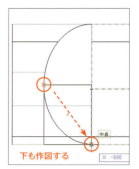

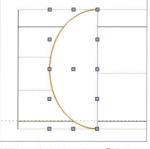

5 2つの四分円を選択し、右クリック→「貼り合わせ」を選択します。

6 貼り合わせた図形を選択し、データパレットの「閉じる」にチェックを入れます。

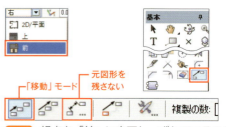

7 「モデル」メニューの柱状体を実行して「奥行き」を「800」と入力し「OK」をクリックします。

8 視点を「前」に変更し、ずれているモデルをポイント間複製ツールの「移動」モードを使って移動します。

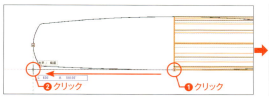 

9 図のように❶でクリックし、❷の部分はスクリーンヒントを活用して交差する点でクリックします。

> 💡 **HINT**
> スナップパレットの「スマートポイント」をオンにすると、延長したヒントが表示されます。
>
> スマートポイント

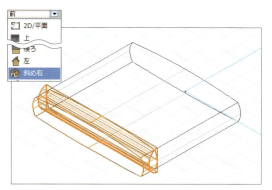 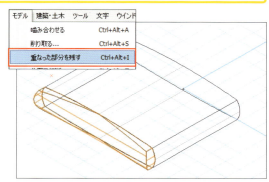

10 加工するモデルの準備ができました。視点を「斜め右」に変更します。

11 2つの加工するモデルを選択し、「モデル」メニューから「重なった部分を残す」を実行します。

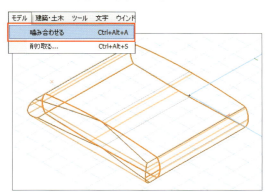 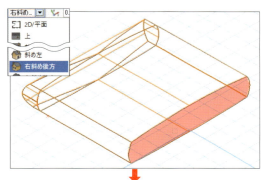

12 2つのモデルを選択して「モデル」メニューから「噛み合わせる」を実行します。

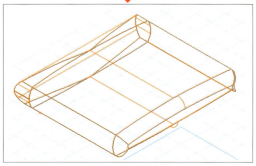

13 視点を「右斜め後方」に切替えます。

 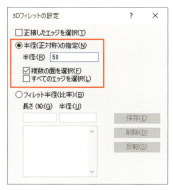

14 クッションの後部（隠れるところ）に丸みを付けます。ツールセットの3Dから「3Dフィレット」を選択します。表示バーの設定ボタンで3Dフィレットの設定ダイアログを表示し、半径を「50」、「複数の面を選択」にチェックを入れ「OK」をクリックします。

15 視点を「斜め右」に変更します。前方の角に 3D フィレットを使い、半径を「20」にして「OK」をクリックして丸みを付け、右図の部分を 1 箇所ずつ [Shift] キーを押しながらマウスクリックをして指定します。反対側も視点を「斜め左」に変更し同じ操作をします。

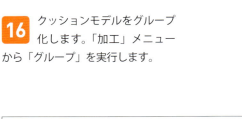

16 クッションモデルをグループ化します。「加工」メニューから「グループ」を実行します。

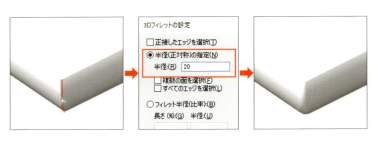

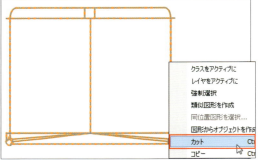

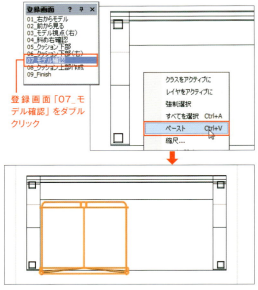

17 クッションのモデルを、ソファ本体に合体させます。モデルの上で右クリックをして「カット」を選択します。

18 登録画面「07_モデル確認」をダブルクリックします。本体の座面の上あたりで右クリックし「ペースト」を実行します。
※ここでは任意の場所に貼り付けたので図と同位置にならない場合があります。

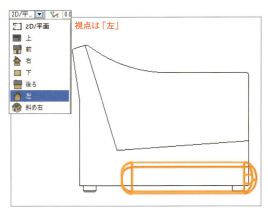

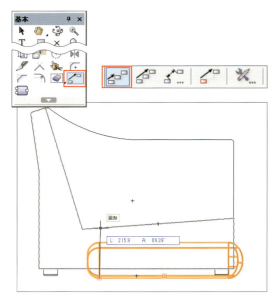

19 視点を「左」に切替えると、床面にクッションが配置されています。

20 ポイント間複製ツールの「移動」モードを使って、クッションの底面と座面の位置が合うように移動します。

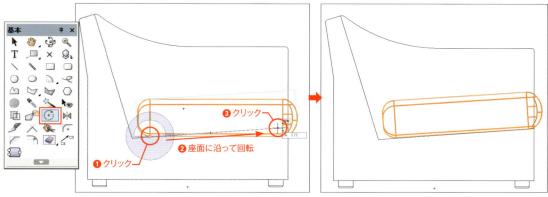

21 クッションを座面の傾きに揃えます。回転ツールを選択し、図のようにクリックして回転をします。

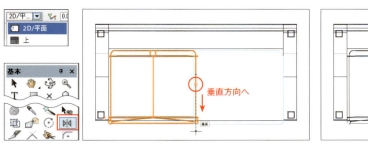

22 視点を「2D/平面」に切替えます。ミラー反転ツールを選択し、反転複写してもう片方のクッションを作成します。

23 クッション（下部）が完成しました。

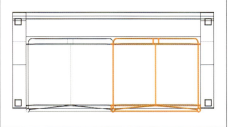

> 🔍 **REFERENCE**
>
> サンプルファイル「ソファ経過ファイル.vwx」でこの時点の完成データを確認できます。

クッション（上部背もたれ部分）の作成

続いては、クッション（上部背もたれ部分）のモデルを作成します。

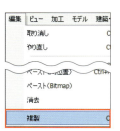

1 登録画面から「08_クッション上部作成」をダブルクリックします。

2 四角形で、下絵をトレースもしくはダブルクリックで「幅」が「780」、「高さ」が「510」の四角形を作図し、「編集」メニューから「複製」を実行します。

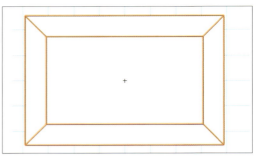

3 複製した四角形が選択された状態で、データパレットの「基準面」を「レイヤ」に切替えます。続けて「モデル」メニューから「錐状体」を選択し、「生成 錐状体」ダイアログの「高さ」「30」、「斜度」「70」と入力して「OK」をクリックします。

4 錐状体ができ上がりました。このモデルは、のちにクッションの上下の丸みを付けるために使用します。

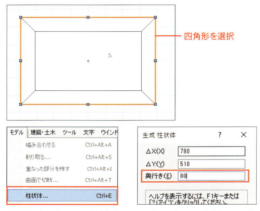

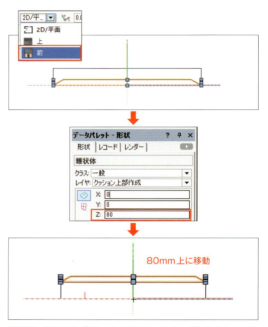

5 現在は、錐状体のモデルが画面上前面に表示されています。柱状体にしたい四角形を選択するには、図形の前後関係を変えます。錐状体の図形の上で右クリックして「前後関係」を「最後へ」を実行し、図形の順序を変更します。
次に、四角形を選択し、「モデル」メニューの「柱状体」から「奥行き」を「80」と入力し「OK」をクリックします。

6 視点を「前」に変更します。錐状体にしたモデルを選択し、データパレットから「Z」に「80」と入力しモデルを上方向に移動します。

上部側面に丸みを付ける

1 視点を「2D/平面」に変更します。図のように四角形ツールで図形を作図します。

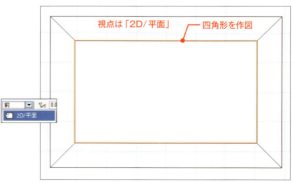

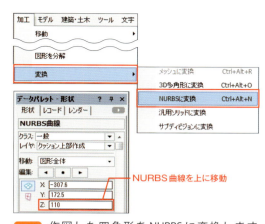
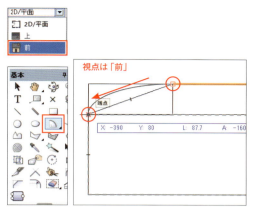

2 作図した四角形を NURBS に変換します。「加工」メニューから「変換」の「NURBS に変換」を実行します。変換された NURBS 曲線をデータパレットで「Z」方向に「110」移動します。

3 視点を「前」に変更し、四分円ツールを選択して図のように図形を作図します。

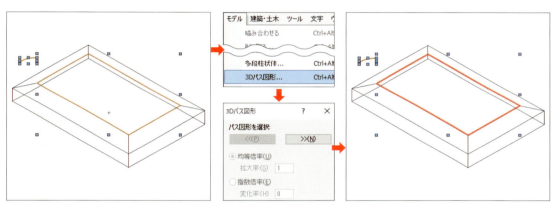

4 NURBS 曲線と、四分円を選択します。図は視点を斜め右に変更したものです。「モデル」メニューから「3D パス図形」を実行します。NURBS 曲線が選択されているのを確認します。選択されていない場合はダイアログ内の「パス図形を選択」ボタンで指定をします。

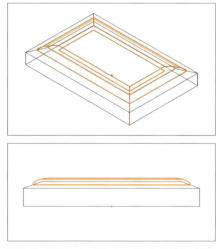
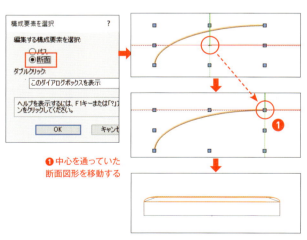

5 実行されました。視点を前に変更します。

6 3D パス図形は、断面図形がパス図形の中心を通るため、思い通りのモデルにならない場合があります。その場合は、パス図形をダブルクリックし、ダイアログの「断面」を選択し、図のようにパスを通る位置を移動して「OK」をクリックすると、断面図形を移動できました。

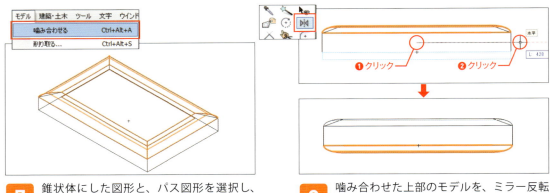

7 錐状体にした図形と、パス図形を選択し、「モデル」メニューから「噛み合わせる」を実行します。

8 噛み合わせた上部のモデルを、ミラー反転複写を使って下部にも複製をとります。

9 クッション上部（背もたれ部分）が完成です、最後にクッション全体を選択して「モデル」メニューから「噛み合わせる」を実行します。

本体と合体する

クッション上部を本体に合体させます。

1 下部モデルの時と同じようにモデルの上で右クリックし「カット」を実行します。

モデルがシンボル化されている場合

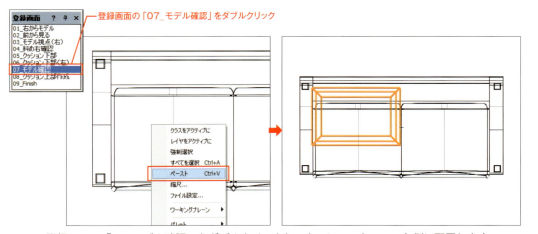

1 登録画面の「07_モデル確認」をダブルクリックし、クッションをソファ左側に配置します。ソファの図形の上で右クリックし「ペースト」を選択します。

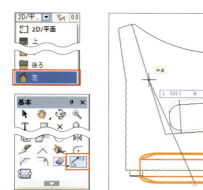
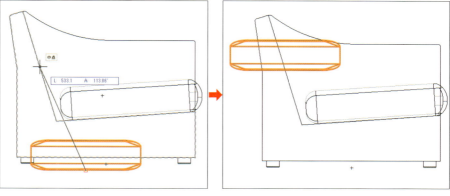

2 視点を「左」に切替えます。下部同様、ポイント間複製ツールの「移動」モードで移動します。

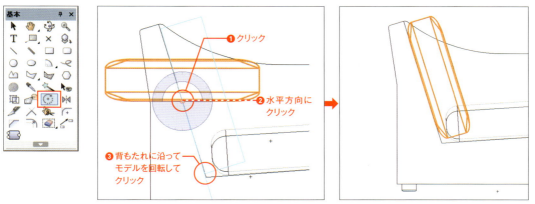

3 背もたれの位置をマウスで調整した後、下部同様、背もたれに沿うように回転します。

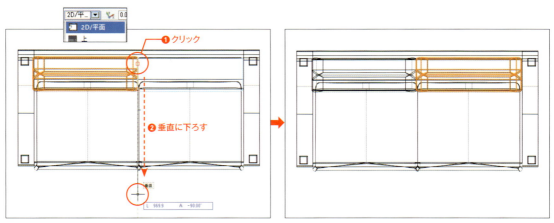

4 下部同様、視点を 2D 平面に戻してミラー反転します。

Chapter 2　Vectorworksでできる！3D

159

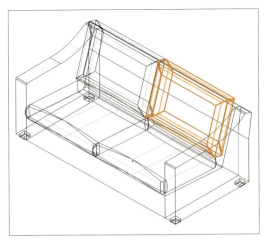
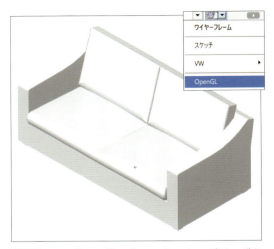

5 モデルが完成しました。

6 レンダリングで「OpenGL」レンダリングをします。

> 🔍 **REFERENCE**
>
> サンプルファイル「ソファ経過ファイル.vwx」の登録画面「02 背もたれ完成」でここまでの完成データが確認できます。

7 最後に、リソースブラウザのテクスチャをそれぞれのモデルに貼り付けて完成です。

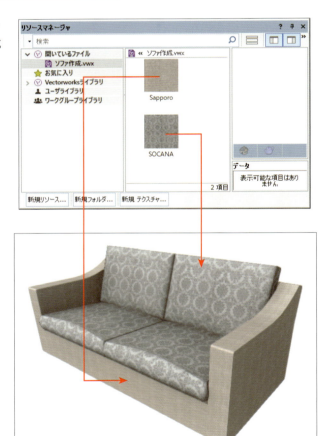

Chapter 03

Vectorworksの
作図を極める！

SECTION 01 作図効率のアップ
1-1　レイヤとクラス
1-2　他ファイルの取り込み
1-3　シンボルの活用
1-4　コマンドパレットの作成
1-5　便利なコマンドとツール

SECTION 02 ハイブリッドの活用
2-1　ハイブリッドの作図
2-2　ハイブリッドシンボル

SECTION 03 シートレイヤの活用
3-1　提案書の作成
3-2　家具三面図の作成
3-3　展開図の作成（バージョン2018の新機能）

SECTION 01 作図効率のアップ

基本操作ができるようになったら、効率の良い作図方法をマスターしてスピードアップ、スキルアップしましょう。多くの人に「難しそうでよくわからない」「使ったことがない」と言われている便利な機能をピックアップしてご紹介します。

作例完成イメージ

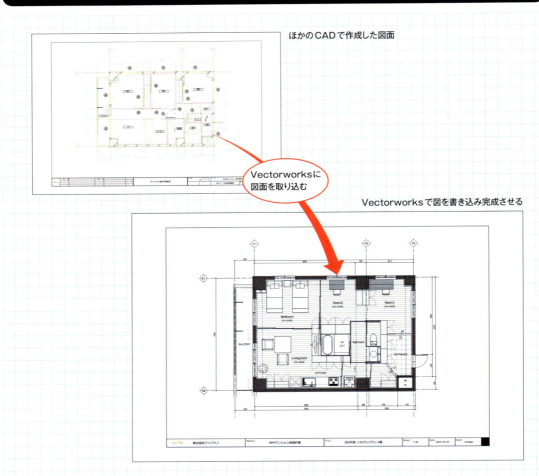

インテリアデザインの仕事では、ほかのCADで作図した建築図面をVectorworksに取り込み、そこに内部のデザインを作図するという流れは一般的に行われています。Vectorworksと縮尺やレイヤの概念が異なるため、ファイルの取り込み後に図面を活用するためには取り込みの手順や「クラス」と「レイヤ」の使い分けについての理解が必要になります。また、作図を効率よく行うためのシンボル図形の活用法や自分で作るコマンドパレット、意外に知られていない使って便利なツールを紹介します。

> 💡 HINT
>
> DXF形式：Autodesk社のCAD「AutoCAD」で使用されているデータファイルフォーマット。2D以外に3Dデータを交換することができるので、3Dグラフィックソフトの共通フォーマットになっている。
> DWG形式：Autodesk社のCAD「AutoCAD」の標準ファイル形式。

1-1 レイヤとクラス

レイヤとクラスの概要

Vectorworksには作図に使用する「デザインレイヤ」のほかに「クラス」と「シートレイヤ」の機能があります。それぞれの特徴を理解し、組み合わせて使用することによって1つのファイルをいくつもの用途に展開し、管理することができます。ここでは作図で使用する「デザインレイヤ」と「クラス」の特徴について解説します。

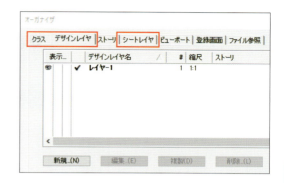

デザインレイヤについて

デザインレイヤは一般に言う「レイヤ」のことで、作図やモデリングに使用します。特徴は以下の通りです。

❶ 縮尺が設定できる
❷ 前後関係がある
❸ 高さを設定することができる
❹ 特定の色を持たせることができる

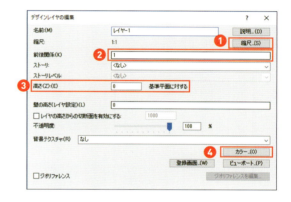

レイヤの縮尺について

レイヤにそれぞれ違う縮尺を持たせることができ、それらを同時に表示することができます。図はタイトルレイヤを「1/1」、家具図を「1/20」、詳細図を「1/5」に設定して表示したものです。

 HINT

タイトルを「1/1」に設定することで用紙サイズに対応させています。例えばA4用紙に合わせて作成し、作図するレイヤの縮尺が用途によって変わっても、そのたびにタイトルの縮尺を調整する必要がありません。

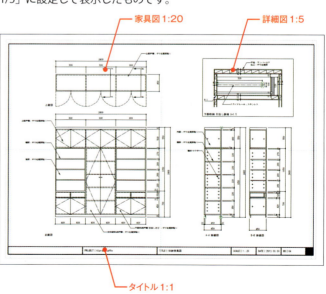

家具図1:20
詳細図1:5
タイトル1:1

異なるレイヤを同時に表示するためには「統合ビュー」をオフにする必要があります。「ビュー」メニューから「統合ビュー」のチェックをはずすか、「データ表示バー」の「統合ビュー」ボタンをオフにします。

「統合ビュー」ボタン

レイヤの前後関係

レイヤは重なっている順序が表示に影響します。図は「家具」レイヤの後ろに「床」レイヤがある場合の表示です。

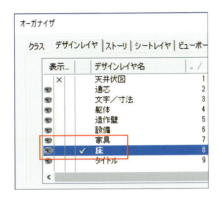
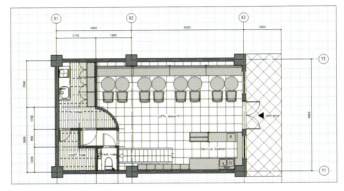

「床」レイヤが「家具」レイヤの前に移動すると、図面は家具が床に隠れてしまいます。

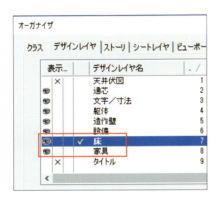
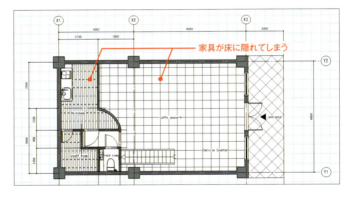

家具が床に隠れてしまう

太い線と細い線で重なるような場所は、この特徴を活かしてレイヤの順序を考えると良いでしょう。図は、太線で描いた「躯体」レイヤと中線で描いた「家具」レイヤの重なりについてです。太い線の上に細い線の図形が重なると、上にある図形の線の太さが優先になります。「躯体」レイヤの後ろに「家具」レイヤを移動すると、太い線の表示がきれいに表示されます。

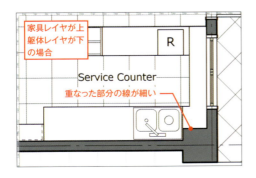
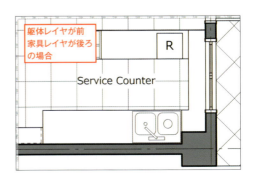

家具レイヤが上
躯体レイヤが下
の場合

重なった部分の線が細い

躯体レイヤが前
家具レイヤが後ろ
の場合

レイヤの高さについて

　レイヤの高さ設定は3D作成時に有効です。例えば1階の躯体を作成したレイヤを複製し、レイヤの配置高を変えることで簡単に2階を作成することができます（図は1階の躯体レイヤを複製したところ）。

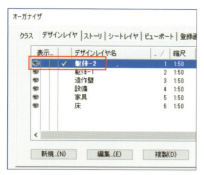

1階の躯体を複製

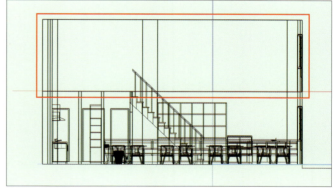

1階の躯体と重なっている

　「デザインレイヤの編集」ダイアログの「高さ（Z）」に数値を入力すると、レイヤの基準平面が移動し、上に積み重なるように配置することができます。

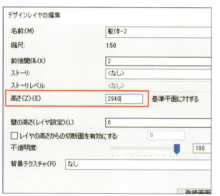

レイヤの高さを変更

　2階のレイヤでモデリングやシンボル配置をすると、2階の基準平面（床面＝高さ0mm）に配置されるため、後から2階の床の高さに合わせて移動する手間が省けるほか、高さの設定がやりやすくなります。

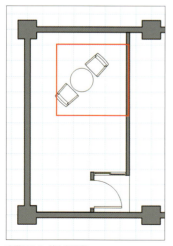

2階にシンボルを配置

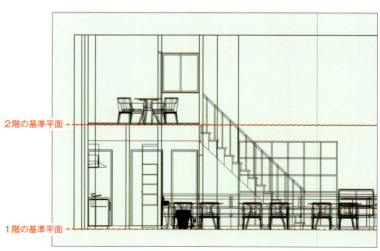

2階のレイヤの基準平面に配置される

レイヤ色について

レイヤに独自の色を設定することができます。

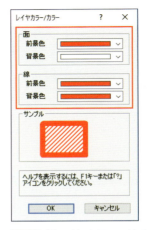

1 「デザインレイヤの編集」ダイアログの「カラー」ボタンをクリックします。

2 「レイヤカラー／カラー」ダイアログで「面」と「線」の「前景色」と「後景色」を組み合わせてカラーを設定します。

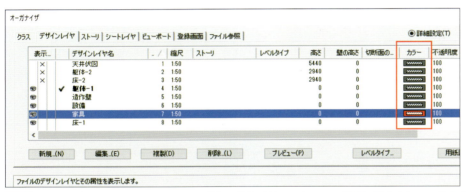

3 カラーが設定されているレイヤは「オーガナイザ」のカラーの項目に設定されている色が表示されます。

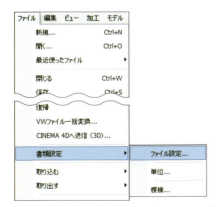

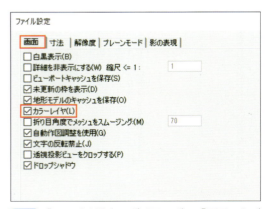

4 カラーレイヤを表示するため、「ファイル」メニューから「書類設定」の「ファイル設定」を選択します。

5 「ファイル設定」ダイアログの「画面」タブの「カラーレイヤ」にチェックを入れます。

6 レイヤに設定されているカラーが表示されます。この方法だと赤字で表示したい図形に1つ1つに色を設定する必要がなく、作業時だけ違う色で表示させ、印刷時に簡単に元に戻すことができるので便利です。

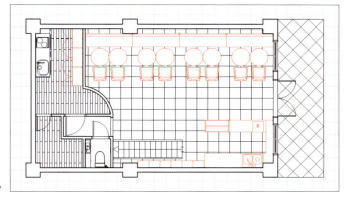

家具レイヤに設定したカラーが表示される

クラスについて

デザインレイヤの中にある図形をさらに分類し管理することができます。また、線の太さや色などの属性をクラスに割り当てることもできます。クラスの特徴は以下の通りです。

①デフォルトでは「一般」と「寸法」がある
②デザインレイヤのように前後関係はないが、階層で表示できる
③カラー、線種、テクスチャなどの属性を設定できる

 HINT

Vectorworksのクラスは AutoCAD など、ほかのCADのレイヤに相当する機能になります。

デフォルトクラスについて

クラスは「一般」と「寸法」の2つがあり、寸法ツールで作成した寸法線は自動的に「寸法」に所属します。それ以外はすべて「一般」に所属します。この2つのクラスは削除することができません。

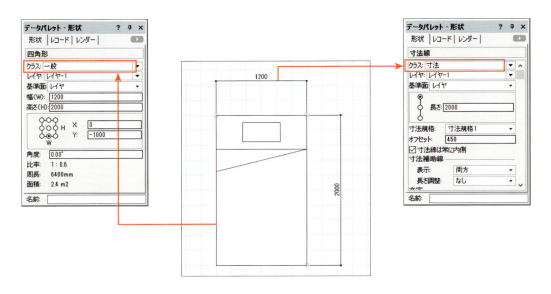

クラスは新規に作成することができ、表示/非表示の設定もできます。

同じレイヤでも、クラスによってさらに図形を分類することができます。ここでは「家具」レイヤで作図した家具の正面図の「隠れ線」をクラスにして表示を切替えています。

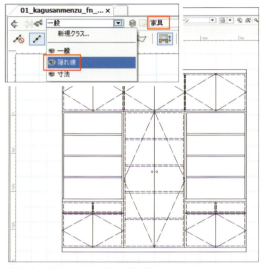
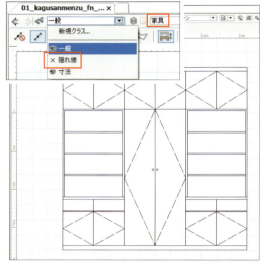

「家具」レイヤをアクティブ／「隠れ線」クラスは表示　　　　　　　「家具」レイヤをアクティブ／「隠れ線」クラスは非表示

クラスにはデザインレイヤのように順序を設定する項目がありません。名称を入れただけでは思い通りの順序に並ばないため、名称の前に番号を振ることで順序を付けることができます。

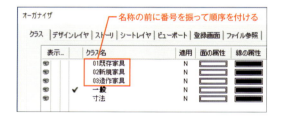

名称をハイフンで区切ることで階層化することができます。ここでは「クラスの編集」ダイアログで名前を「02新規家具」の次にハイフン（-）を付け、「造作家具」と「置き家具」を階層化します。

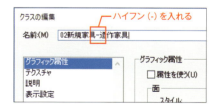

「02新規家具」がクラスグループの見出しになります。また、階層は非表示にすることができます。

階層表示の場合　　　　　　　　　　　　　　　階層非表示の場合

「階層表示オプション」をクリックすると階層表示と階層非表示とを切替えることができます。

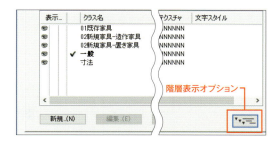

表示バーでのクラスリストは右図のように表示されます。階層は最大4レベルまで作成が可能です。

属性を割り当てる

クラスには面や線のスタイルや色、線の太さ、マーカーの種類、テクスチャなどの属性を設定することができます。「適用」欄に「Y」が付いているものはクラスに属性が割り当てられています。

「クラスの編集」ダイアログで「グラフィック属性」や「テクスチャ」の各項目を設定します。クラスに割り当てるためには「属性を使う」にチェックを入れます。

> 💡 **HINT**
>
> バージョン2018から「グラフィック属性」に「ドロップシャドウ」の設定が追加されました。

「グラフィック属性」

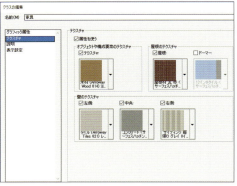

「テクスチャ」

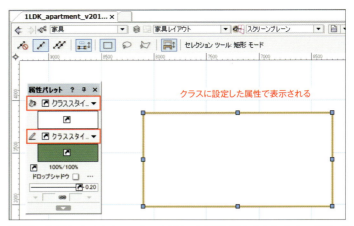

1 クラスの属性を使用する方法を説明します。属性パレットはデフォルトの状態になっているものとします。作図する前に使用するクラスをアクティブにします。

2 作図をするとクラスに割り当てた属性が反映されます。属性パレットを見ると各項目は「クラススタイル」になっています。

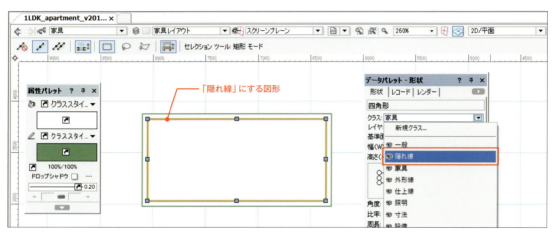

3 クラススタイルを切替える場合はデータパレットの「クラス」で切替えます。

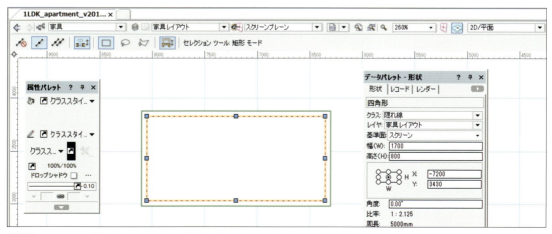

4 ここでは「家具」クラスから「隠れ線」クラスに切替えています。

1-2 他ファイルの取り込み

DXF/DWGファイルの取り込み

DXF/DWG形式のファイルの取り込み方法です。新規ファイルを開き、用紙設定を行ってから「ファイル」メニューの「取り込む」からDXF/DWGの取り込みを選択します。

ファイルの取り込み方法は以下の2つがあります。
- DXF/DWG（単一）取り込み
- DXF/DWGまたはDWF取り込み

> **REFERENCE**
> サンプルファイル：01_C3_建築図面.dwg

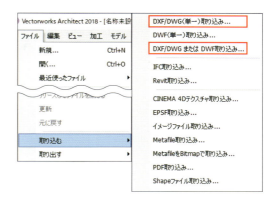

1つのファイルを取り込む場合

「DXF/DWG（単一）取り込み」は、1つのファイルを取り込む場合に使用します。また、開いているVectorworksのファイルにそのままファイルをドラッグして開くことも可能です。

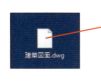
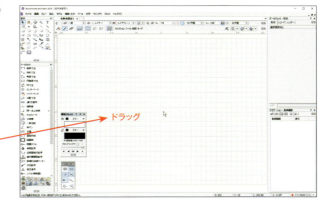

複数のファイルを取り込む場合

「DXF/DWGまたはDWF取り込み」は2つ以上のファイルを同時に取り込む場合に使用します。複数のファイルが入っているフォルダを選択して一度に取り込むことも可能です❶。

取り込み先を現在開いているファイル以外に、「新規ファイル作成」にすることができます。「開いているファイルにシンボルとして」を選択すると❷、ファイル内の図面がシンボルとしてリソースブラウザに登録されます。

「取り込みオプション」の「使用する設定」を「アクティブな設定」に変更し、「カスタム設定」ボタンをクリックし、取り込みの設定を行います❸。

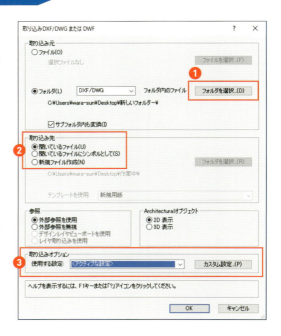

Chapter 3 Vectorworksの作図を極める！

DXF/DWG の取り込み設定

「基本設定」タブで単位や縮尺などの設定を行います。

1 ❶「モデル空間の単位」の「ファイルの単位設定」を「ミリメートル」にします。
❷「モデル空間の縮尺」で「縮尺変更」をします。

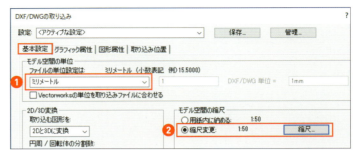

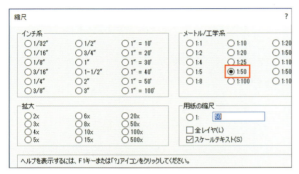

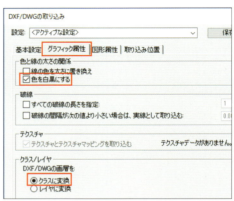

2 「縮尺」ボタンをクリックすると縮尺設定ダイアログが開きます。使用する縮尺を選択して「OK」をクリックします（ここでは 1:50 に設定しています）。

3 ほかの CAD で作図された図面は、レイヤ（画層）に色を持たせて作図していることが多いため、そのまま取り込むと色付きの図面が取り込まれます。白黒の図で使用する場合は「色を白黒にする」にチェックを入れます。「DXF/DWG の画層を」がデフォルトの「クラスに変換」であることを確認し、「OK」をクリックして取り込みます。

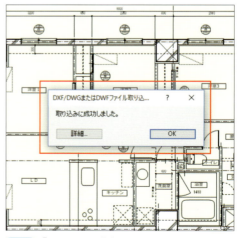

4 同じフォントを持っていない場合は「フォントの置き換え」ダイアログが表示されます。置換するフォントを選択して新しいフォントに指定し直すか、後で変更も可能なのでそのまま「OK」をクリックして取り込みます。

5 「DXF/DWG または DWF ファイル取り込み」ウインドウに「取り込みに成功しました。」の表示が出たら完了です。

レイヤの確認

取り込み後のレイヤを確認します。デフォルトにある「レイヤ-1」はそのままで、ファイルと同じ名称のレイヤが追加されます。これから作図するインテリアデザイン図面は、通常の作図と同じようにレイヤに作成していきます。

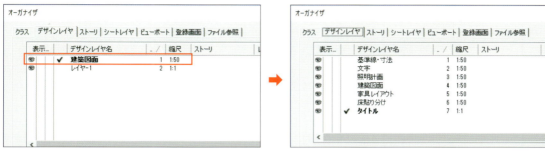

取り込んだ直後　　　　　　　　　　　　　　　　作図用に追加したレイヤ

クラスの確認

ほかのファイルで作成されたレイヤはクラスに変換されています。不要なクラスは「非表示」にして使用します。

> **REFERENCE**
> サンプルファイル：02_C3_DWG
> 取込ファイル.vwx

文字化けの解消方法

AutoCADで作成した図面は、文字を独自のshxfontを使用している場合が多く、そのまま取り込んだ際に文字が正しく表示されない場合があります。その場合はフォントの置換を行います。

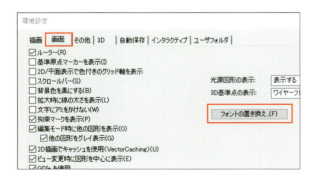 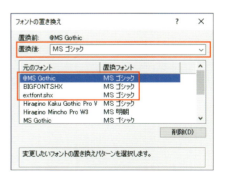

1 「ツール」メニューからオプションの「環境設定」を選択します。「画面」タブの「フォントの置き換え」ボタンをクリックします。

2 「フォントの置き換え」ダイアログから変更したいフォントを選択し、「置換後」のポップアップリストから新しいフォントを選択して「OK」をクリックします。

PDFファイルの取り込み（Fundamentalsを除く）

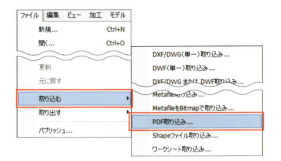

1 Fundamentals以外のシリーズではPDFファイルを取り込むことができます。最初に縮尺の設定を行ってから取り込みを実行します。

> 💡 **HINT**
> イメージファイルやPDFファイルも開いているファイルにドラッグして取り込むことができます。

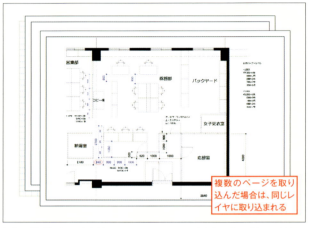

複数のページを取り込んだ場合は、同じレイヤに取り込まれる

2 「PDFの取り込み」ダイアログが表示されます。複数ページを持つPDFファイルの場合、「取り込み範囲」ですべてのページを取り込むか、ページを指定して取りこむかを選択することができます。複数のページを取り込んだ場合は、同じレイヤに取り込まれます。

3 PDFファイルを選択し、データパレットの「図形のスナップを有効にする」にチェックを入れ、PDFの図形にもスナップできるようにします。

> ⚠ **CAUTION**
> PDFのスナップ機能は、CADソフトから直接PDFファイルに取り出した場合など、ベクトルグラフィックを作成するアプリケーションでPDFを作成した場合にのみ可能です。画像の場合はスナップしません。

ファイルの伸縮

取り込んだPDFファイルの図を測ると、縮尺が適切でないことがわかります。数値が正しくなるように縮尺を変更します。

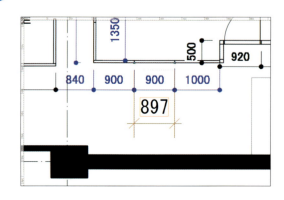

174

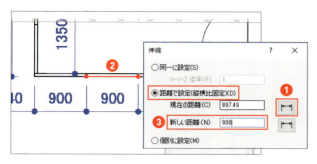
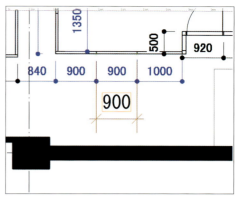

1 「加工」メニューから「伸縮」を選択します。「伸縮」ダイアログの「距離で設定」を選択し、「現在の距離」を測るボタン❶をクリックします。図形にスナップしながら測り始めと終わりをクリック‐クリックして範囲指定します❷。「新しい距離」に正しい数値を入力して❸、「OK」をクリックします。

2 同じ場所の寸法を測り、修正されていることを確認します。

1-3 シンボルの活用

シンボルの特徴

家具や建具など、よく使う図形や数多く配置する図形はシンボルにして活用しましょう。ソファやテーブルなど、特定の名前を付けて登録でき、リソースマネージャに収録されます。検索、フォルダでの分類など、管理がしやすく、ほかのファイルに取り込んで使用することもできます。図面内に同じシンボルを複数配置した場合、1回の編集ですべてのシンボルが自動的に修正され、1つのシンボル定義で済むので、ファイルサイズを小さくすることができます。

> **HINT**
> シンボルの登録方法はChapter1の「2-1 平面図の作成」を参照してください。

> **REFERENCE**
> サンプルファイル：03_C3_住宅シンボル集.vwx

グループ図形とシンボル図形の違い

シンボル図形はグループ図形に見た目は似ていますが、持っている機能には違いがあります。

図は、同じ形状のグループ図形を複数配置したものです。グループの編集結果は図形だけに適用されるため、すべてのグループをそれぞれ編集するか、編集後の図形を再度配置し直す必要があります。

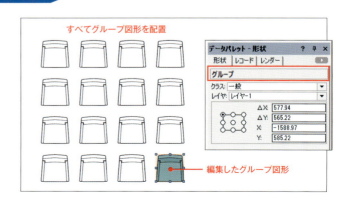

シンボル図形は、1つのシンボルを修正すると自動的にすべてのシンボル図形が編集されるため、変更作業が効率よく行えます。

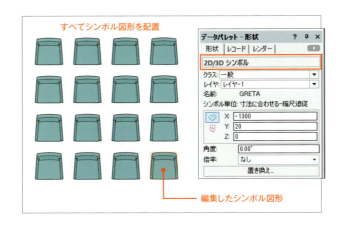

シンボルの編集方法

シンボルの編集方法を3通りご紹介します。

図形をダブルクリック

図面に配置しているシンボル図形をダブルクリックして「シンボル編集」ダイアログを開き、編集する属性（2Dまたは3Dなど）を選択して「編集」をクリックします。

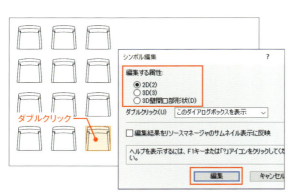

図形を右クリック

図面に配置しているシンボル図形を選択して右クリックし、コンテキストメニューから編集する属性を選択します。

リソースマネージャから編集

リソースマネージャで登録しているシンボル図形を選択後に右クリックして編集する属性を選択します。この方法は、図面にシンボルを配置していなくても編集することができます。

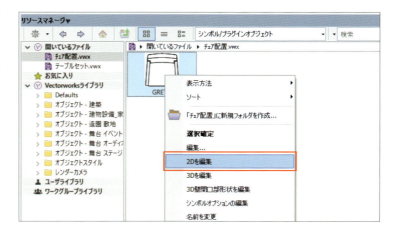

編集画面の違い

図面に配置したシンボルから編集した場合の画面と、リソースマネージャから編集した場合の画面の違いです。図❶は図面に配置している図形から編集画面に入った時の画面です。リソースブラウザから編集画面に入った場合は（図❷）シンボル図形のみ表示されます。

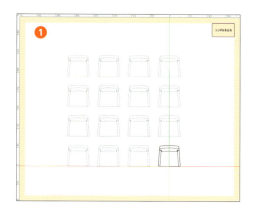 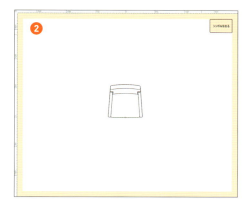

編集後は画面右上の「シンボルを出る」ボタンをクリックして編集画面を出ます。リソースマネージャのシンボルが変更されます。

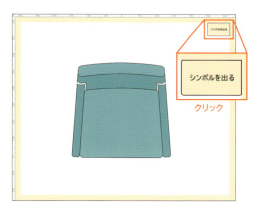 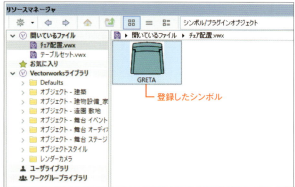

シンボルの複製

リソースマネージャのシンボルを複製し、別のシンボルとして登録することができます。

1 シンボルを右クリックして「複製」を選択します。

2 「名前を付ける」ダイアログが表示され、名称の後に数字が入ります。名称を変更することも可能です。「OK」をクリックしてダイアログを閉じます。

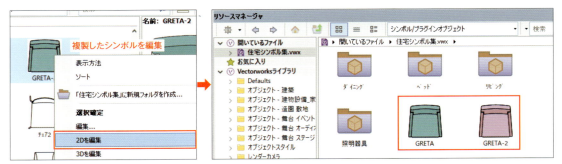

3 複製したシンボルを編集します。ここでは複製したシンボルを色違いで作成します。

シンボルの置き換え

シンボルは置き換えることができます。手順は次の通りです。

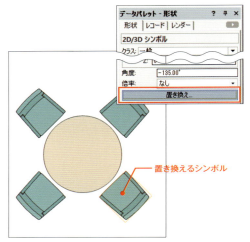

1 置き換えるシンボルを選択し「データパレット」の「置き換え」ボタンをクリックします。

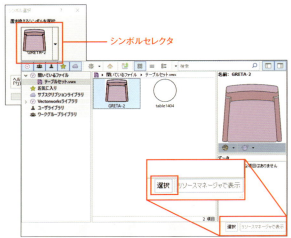

2 「シンボル選択」ダイアログのシンボルセレクタを選択し、置き換えるシンボルをダブルクリックするか右下にある「選択」ボタンをクリックします。

> 💡 **HINT**
>
> シンボルを選択し、右クリックで表示されるコンテキストメニューから「置き換え」を選択することもできます。

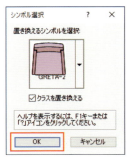

3 「シンボル選択」ダイアログの「OK」をクリックします。

4 シンボルの置き換えが完了しました。傾いているシンボルもその角度に合わせて置き換えられます。

挿入点の設定

　シンボルは登録をする際に挿入点を設定することができます。例えば壁に沿わせて配置する家具など、図形のコーナーに挿入点を設定することができます。目的に合わせて挿入点を変え、効率よく作業ができるようにしましょう。

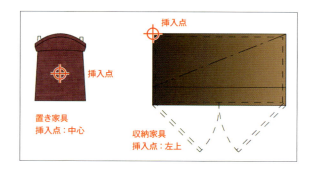

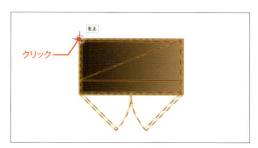

1 シンボル登録時に表示される「シンボル登録」ダイアログの「挿入点」を「次にマウスクリックする点」を選択して「OK」をクリックします。

2 ダイアログが閉じた後、挿入点とする位置にカーソルを合わせてクリックして登録を完了します。

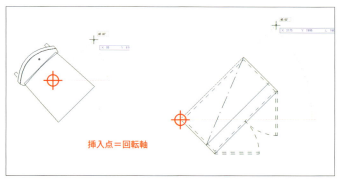

3 シンボルの配置は、それぞれ設定した挿入点を基準に回転して配置することができます。

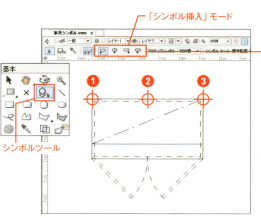

4 シンボルツールのデータ表示バーにある「シンボル挿入」モードで「挿入点」を「左側」モード、「中央」モード、「右側」モードに切替えて配置することができます。登録時の挿入点に戻す場合は「挿入点」モードにします。

登録後の挿入点の修正について

シンボル登録後の挿入点の修正はシンボルの編集で変更します。挿入点の座標は原点（0,0）になっています。新しい挿入点が原点にくるように、その位置に図形を移動して挿入点を変更します。

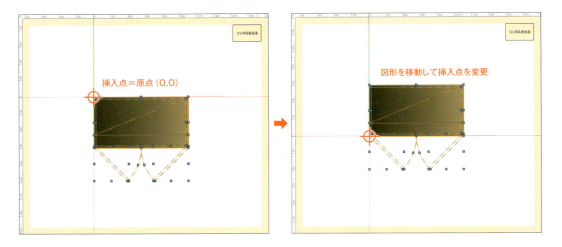

建具シンボルと壁ツール

壁ツールはシンボルを建具として自動的に認識する機能を持っているため、シンボルにした建具と壁ツールを組み合わせて使用すると配置や編集がやりやすくなります。建具シンボルは、挿入点が壁の中央に配置されるように登録します。

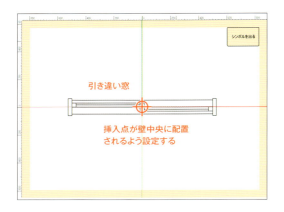
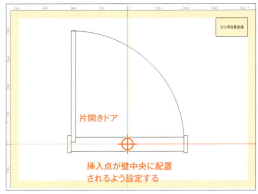

建具の向きを調整

「壁の中のシンボル」は、データパレットの「反転」ボタンで壁を軸にシンボルを回転することができます。扉の開く方向を簡単に修正することができます。

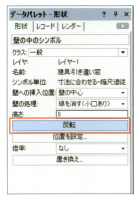
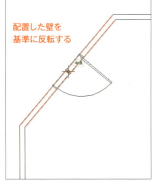

 HINT

データパレットに「壁の中のシンボル」と表示されていない場合は、シンボルが壁に正しく配置されていないため「反転」ボタンが表示されません。その場合はシンボルを配置し直します。

建具の位置を調整

データパレットの「位置を設定」ボタンで建具の位置を調整することができます。手順は以下の通りです。

1 建具シンボルを選択し、データパレットの「位置を設定」ボタンをクリック❶、壁のコーナーなど、位置の基準になる場所をクリックし❷、建具シンボルをクリック（ここでは枠外を指定）します❸。

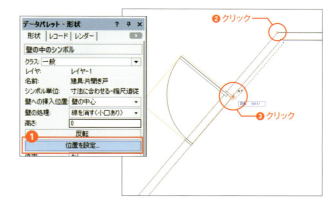

2 「オフセットの設定」ダイアログの「最初のクリック」は「参照点」が選択されている状態で❶、「オフセット」に数値を入力します❷。数値は壁のコーナーから枠外までの距離になります。変更が発生した場合は同様な方法で簡単に修正することができます。

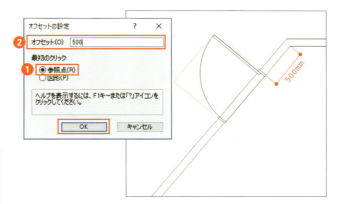

> 💡 **HINT**
> 「位置を設定」する際に、先にシンボルをクリックした場合は「最初のクリック」を「図形」にしてからオフセットの数値を設定します。

窓の等間隔配置

「ツールセット」の「壁」（もしくは「建物」）にある壁用シンボル配置ツールを使うと、シンボルを等間隔に複数配置することができます。ここではFIX窓のシンボルを壁から離して、等間隔に3つの窓を配置します。

> 💡 **HINT**
> ツールセットの名称はFundamentalsの場合は「壁」、Architect/Designerの場合は「建物」になります。

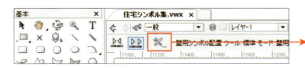

1 操作の手順です。データ表示バーの「壁用シンボル配置ツール設定」ボタンをクリックして「壁用シンボル配置」ダイアログの「開始位置」と「間隔」に数値を入力し、「個数」にチェックを入れて配置個数を入力し「OK」します。

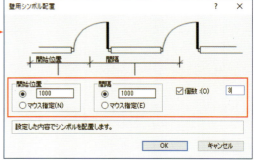

2 最初に「リソースマネージャ」からFIX窓のシンボルを選択します❶。再度壁用シンボル配置ツールを選択します❷。

3 壁の基準になる位置をクリックし、[Enter]キーを押して配置を完了します。

> 💡 **HINT**
>
> 図面に配置したシンボルを選択して配置することもできます。

シンボルフォルダにまとめる

シンボルがたくさんある場合、種類別にフォルダにまとめると管理がしやすくなります。

1 シンボルフォルダの新規作成はリソースマネージャの左下にある「新規フォルダ」ボタンをクリックします。

> 💡 **HINT**
>
> リソースマネージャでは、シンボル以外のリソースもフォルダ分けすることができます。

2 「新規シンボルフォルダ」ダイアログの「フォルダの名前」に入力して「OK」をクリックします。リソースマネージャにシンボルフォルダが追加されます。

3 フォルダにシンボルを移動する方法です。移動するシンボルをすべて選択し、右クリックして表示されたコンテキストメニューから「移動」を選択します。

> 💡 **HINT**
>
> [Ctrl]キー（Mac:[⌘]キー）を押しながらシンボルをクリックすると飛び飛びにあるシンボルを選択することができます。

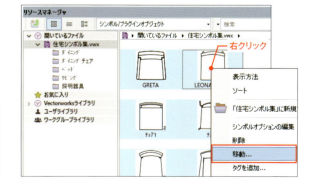

182

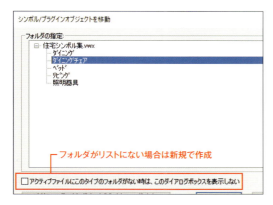
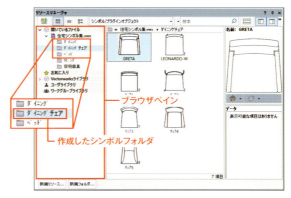

4 「シンボル/プラグインオブジェクトを移動」ダイアログから「フォルダを指定」して「OK」をクリックします。該当するフォルダがない場合は「新規シンボル/プラグインオブジェクトフォルダ」でフォルダを作成することができます。

5 シンボルフォルダにシンボルが移動します。シンボルフォルダはファイルブラウザペインに表示され、名称を選択して切替えることができます。

お気に入りに登録

シンボルを「お気に入り」に登録すると、シンボルを持つファイルを開かなくてもいつでも使えるようになり、大変便利です。

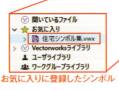
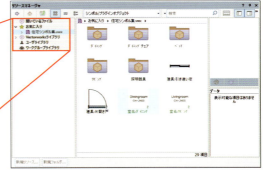

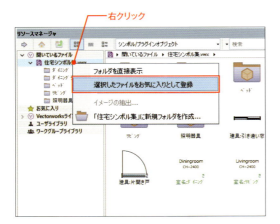

1 「開いているファイル」からお気に入りに登録するファイルを右クリックして「選択したファイルをお気に入りとして登録」を選択します。

2 「お気に入りファイルを追加」ダイアログの「OK」をクリックします。

シンボルをグループ図形にする

配置したシンボル図形を解除する場合、グループ図形に変換します。

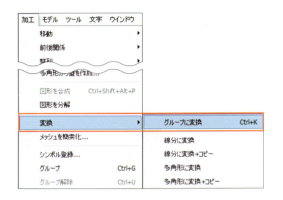
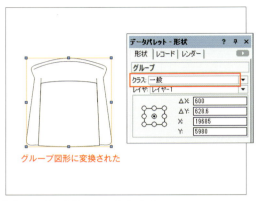

1 シンボルを選択し、「加工」メニューから「変換」の「グループに変換」を選択します。

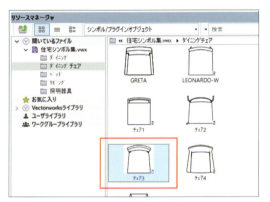
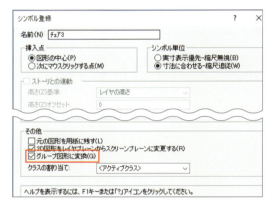

2 また、配置した際にグループ図形になるシンボルを作成することができます。リソースマネージャでは青い字で名称が表示されます。

3 シンボル登録をする際に「その他」にある「グループ図形に変換」にチェックを入れて「OK」をクリックします。

縮尺のないシンボルを作成する

文字や記号など、縮尺を持たないシンボルを作成することができます。リソースマネージャでは緑色の字で名称が表示されます。

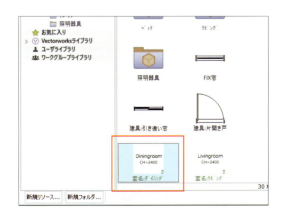

1 シンボル登録をする際に「シンボル単位」の「実寸表示優先 - 縮尺無視」にチェックを入れて「OK」をクリックします。

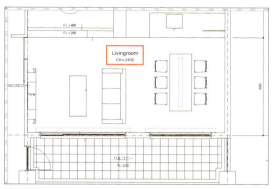

縮尺 1/50 の図面　　　　　　　　　　　　　　　　縮尺 1/100 の図面

2 図はシンボルを 1/100 の図面と 1/50 の図面に配置したものです。縮尺に関係なく同じ文字の大きさで表示されていることがわかります。

1-4　コマンドパレットの作成

ツールマクロの作成

Vectorworks には、オリジナルのパレット（スクリプトパレット）を作成する機能があります。よく使う線の太さや種類などを簡単に設定できるパレットを「ツールマクロ」で作ってみましょう。

1 基準線で使う線を設定します。アクティブレイヤは「基準線」にし、線の色は「黒」、太さは「0.1」、ラインタイプは「ISO-04 一点鎖線」を属性パレットで設定します。

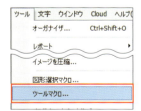

2 「ツール」メニューから「ツールマクロ」を選択します。

> **Q REFERENCE**
> サンプルファイル：04_C3_ツールマクロ.vwx

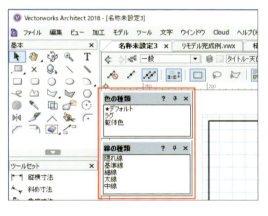

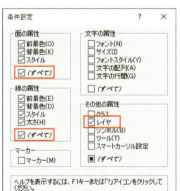

3 「条件設定」ダイアログで「面の属性」の「すべて」、「線の属性」の「すべて」、「その他の属性」の「レイヤ」にチェックを入れ「OK」をクリックします。

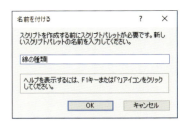  

4 「名前を付ける」ダイアログに「線の種類」と入力し「OK」をクリックします。これはパレットの名称になります。

5 次の「名前を付ける」に「基準線」と入力して「OK」をクリックします。

6 画面にパレットが表示されます。

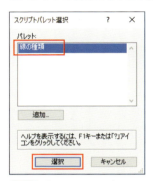  

7 「線の種類」パレットに項目を追加する場合は、「スクリプトパレット」ダイアログの「パレット」の項目から「線の種類」を選択し、「選択」ボタンをクリックします。同様の手順で、よく使用する線の種類を登録してみましょう。

8 新しく、面の色を設定するパレットを設定してみましょう。単色の色（躯体の色）、模様を組み合わせた色（ラグの色）などを設定します。

 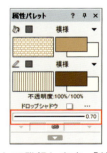 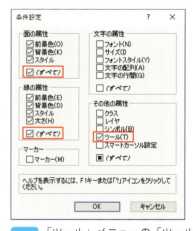

9 ラグの模様として登録します。「基本」パレットから円ツールを選択、「属性」パレットの面と線はそれぞれ模様を設定し、線の太さをここでは「0.7」に設定しています。

10 「ツール」メニューの「ツールマクロ」を選択し、「条件設定」ダイアログの「面の属性」と「線の属性」の「すべて」にチェックを入れ、「その他の属性」の「ツール」にチェックを入れて「OK」をクリックします。

11 「スクリプトパレット選択」ダイアログの「追加」ボタンをクリックし、「名前を付ける」ダイアログに「色の種類」と入力して「OK」をクリックします。

12 追加された「色の種類」を選択して「選択」ボタンをクリックします。「名前を付ける」ダイアログに「ラグ」と入力して「OK」をクリックします。

13 「色の種類」のパレットが画面に表示されます。標準的に使用する色を「デフォルト」として登録しておくと使いやすくなります。

図形選択マクロの作成

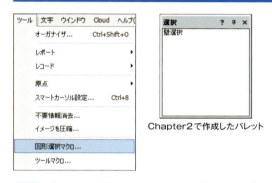

Chapter2で作成したパレット

1 Chapter1「プレゼンテーションボードの作成」の「3-1 図面の着彩」で解説している「図形選択マクロ」は、パレットに保存しなくても一時的に使用することができます。

2 「図形選択マクロ」ダイアログの「オプション」を「実行」にすると、設定を即実行することができます。

> 💡 **HINT**
> 「ツール」メニューから「図形選択マクロ」を選択してダイアログを表示します。

モザイクタイルの一部を選択

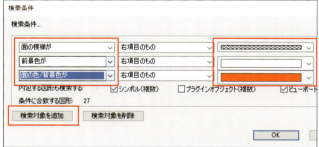

3 ここでは、模様で色を付けたモザイクタイルの一部を選択をします。「検索条件」ダイアログで「面の模様が」「前景色が」「面の色/背景色が」の3つの項目を入れて絞り込み検索をします。条件を追加する場合は「検索対象を追加」ボタンで追加します。

> 🔍 **REFERENCE**
> サンプルファイル:05_C3_図形選択マクロ練習.vwx

187

登録画面の作成

　Chapter1「Vectorworksでできる！2D」「2-4 展開図の作成」で解説している「画面登録」は、同じファイルでものレイヤの組み合わせを変えて登録することで「平面図」「天井伏図」など同じファイル上で目的別の図面を素早く表示することができます。

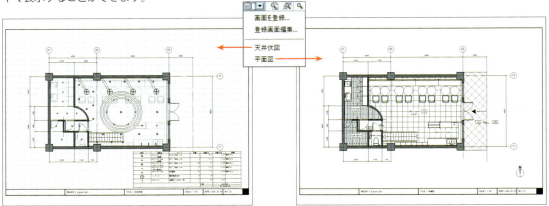

　登録画面は編集も可能です。編集したい登録画面名を選択し、ダブルクリックするか「編集」ボタンをクリックします。

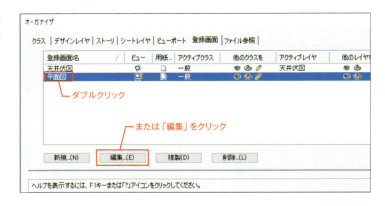

　「登録済みのビューを維持」や「登録済みのズームとパンを維持」「登録済みの用紙位置を維持」にチェックが入っている場合は、登録した時の画面の状況に戻ります。「レイヤ」ボタンや「クラス」ボタンをクリックするとレイヤやクラスの表示／非表示の設定を変更することができます。

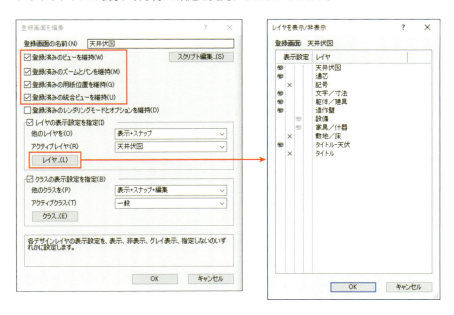

登録画面設定後にほかから取り込んだ図形を配置すると登録画面に切替えた途端に表示が消えてしまう場合があります。

画面登録後に取り込んだ図形

登録画面に切替えると図形が消える

　ほかから取り込んだ図形はクラス属性を持っている場合があり、画面登録した時に存在していないものは非表示になってしまいます。追加されたクラスを「登録画面を編集」で表示する設定に変更します。設定直後は画面表示が変わらないので、再度登録画面を選び直して確認をします。

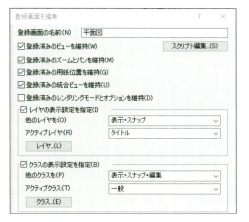

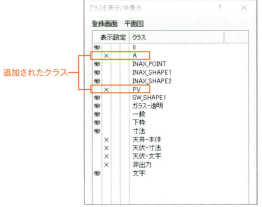
追加されたクラス

　登録画面をパレットとして表示する場合は「ウインドウ」メニューから「スクリプトパレット」の「登録画面」を選択します。

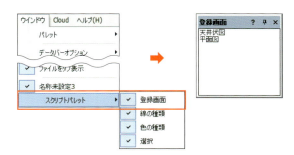

　作成したスクリプトパレットはリソースマネージャの「スクリプト」に登録されています。作成したスクリプトはほかのファイルに取り込んで使用することが可能です。

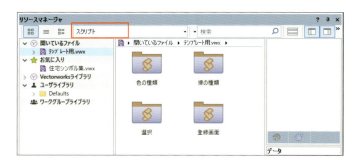

テンプレートにする

　Chapter1「Vectorworksでできる！2D」「2-1 作図の準備」で解説している「テンプレートとして保存」とあわせてスクリプトパレットを作成しておくと、テンプレートを使用するごとにスクリプトパレットも使用することができます。

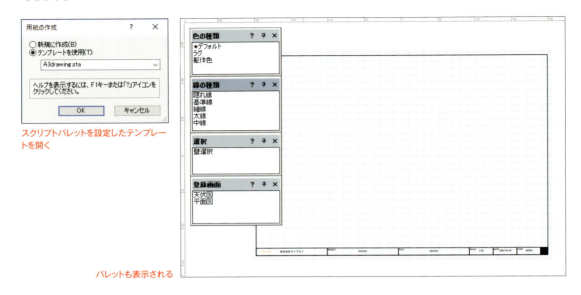

スクリプトパレットを設定したテンプレートを開く

パレットも表示される

1-5　便利なコマンドとツール

紹介する項目

　作図効率をアップできるツールを紹介します。似たようなツールでも特徴を知ることで使い分けることもできます。ここでは実務でよく使う操作をいくつか解説します。今後の操作のヒントにしてください。

【紹介するコマンド・ツール】
- ❶ 図形の合成（＋結合／合成ツール）
- ❷ 図形の分解
- ❸ 多角形：「境界の内側」モード
- ❹ 消しゴム・切断・トリミングツール
- ❺ 変形ツール：「移動」モード
- ❻ アイドロッパツール
- ❼ ハッチング
- ❽ ポイント間複製ツール

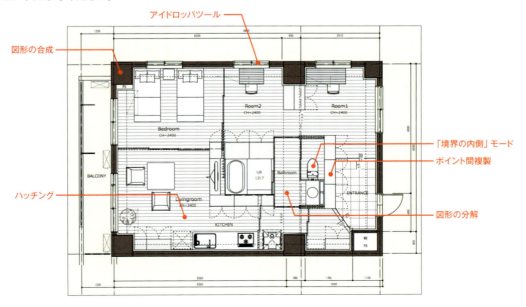

図形の合成

　DXFやDWGファイルなどほかのCADで作成した図面は線分でできていることが多く、躯体に色を付けたいと思ってもそのままでは着彩ができません。そこで線を合成して「面」を作成します。

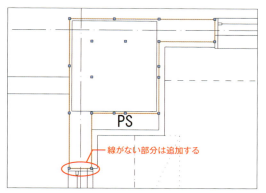
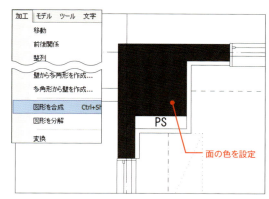

1 合成する線をすべて選択します。面は線で囲まれた中にできるので、足りない線がある場合は追加します。

2 「加工」メニューから「図形を合成」を選択します。面図形になり、色を設定することができます。

結合／合成ツールの場合

　基本パレットの結合／合成ツールの「合成」モードで線分から面に合成することができます。

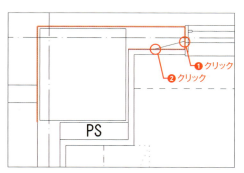
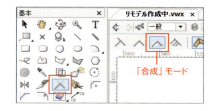

1 合成する線を順番にクリックして合成します。
　線分を選択する方向によって合成の結果が変わります。ここでは横線から縦線に向かって結合する手順で違いを見てみます。❶は横線より上の方向で縦線を選択した結果です。❷は横線より下の方向で縦線を選択した結果です。

元の図形

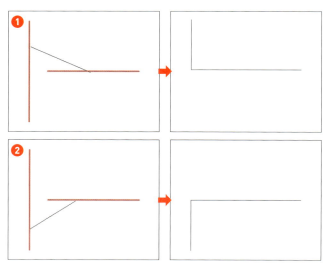

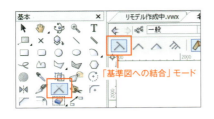 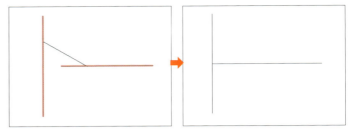

2 結合ツールは、線分の端点を結合するツールです。「基準図への結合」モードは結合したい図形をクリックし、基準となる図形をクリックして結合します。線分同士以外に線分と結合、3DのNURBS曲線などの結合も可能です。

図形の分解

四角形などの図形を分解して、線分に変換することができます。ここでは空間の大きさを四角形で作成し、線分に分解して基準線に編集します。

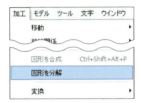 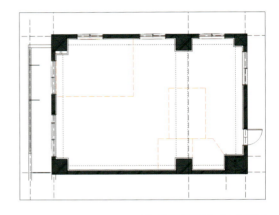

1 図面に配置した四角形を選択し、「加工」メニューから「図形の分解」を選択します。

2 四角形から4つの線に分解されました。

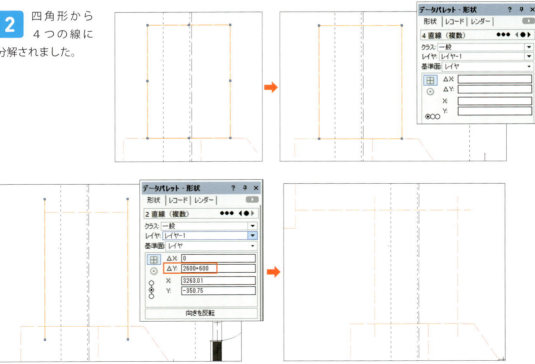

3 線の長さをデータパレットで修正します。同じ長さに揃える場合は、複数を選択して一度に修正することができます。ここでは縦の線を2つ選択し、基準点を「中心」にして現在の長さに「+600」を入力して上下に長くしています。基準線として必要な長さに修正します。

多角形:「境界の内側」モード

メーカーより提供されている住宅設備データなど、複雑な図形に面を付ける方法です。取り込んだばかりの図形には面がなく、面を「カラー」にすると思い通りに色が表示されません。

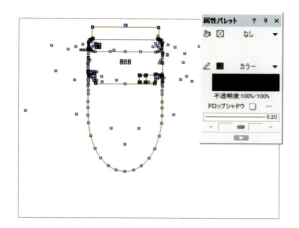
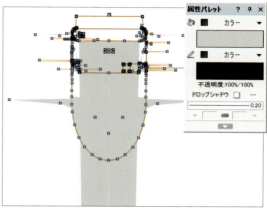

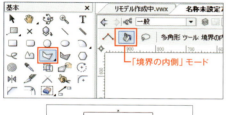

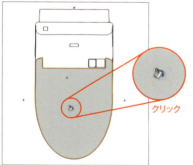

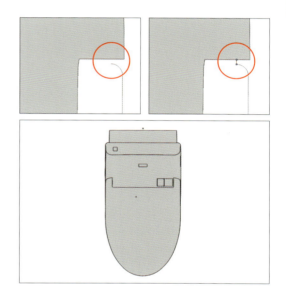

1 多角形ツールの「境界の内側」モードで線分に囲まれた部分をクリックすると内側に面図形を生成することができます。

2 線で囲まれていない部分は面図形が生成されません。線が足りない部分は図形を追加するか、結合ツールで線と線の隙間が発生しないようにしてから実行してみましょう。

消しゴム・切断・トリミングツール

図形をカット、トリミングする時に使うツールとして消しゴム/トリミング/切断ツールがあります。使い勝手は似ていますが、それぞれ特徴があるので見ていきましょう。

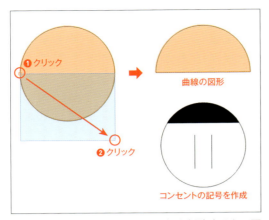 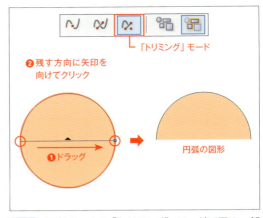

1 消しゴムツールで円の一部を削除すると、図形は「曲線」になります。壁付けのコンセントなどの作図に使用できます。

2 切断ツールの「トリミング」モードで円の一部を削除すると、図形は「円弧」になります。

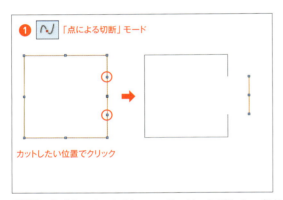

3 ❶「点による切断」モードでは、切断したい部分をクリックします。
❷「線による切断」モードでは、切断したい部分をドラッグします。
どちらも線分で切断することができます。

4 トリミングツールでは、図形が交差する部分を境界に削除することができます。図は円と直線を重ねて作図し、❶円の中の線をクリック、❷線の下方向の円弧をクリックして配線のまたぎ線を作成しています。

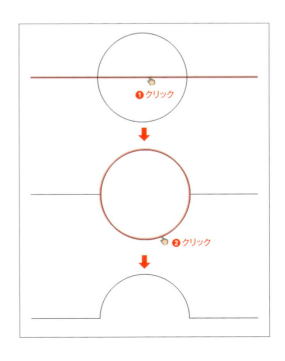

変形ツール：「移動」モード

　図のように複数の図形から構成される「引き違い窓」のサイズを 1300mm から 1700mm に編集します。1つ1つの図形のサイズと位置を変更すると手間がかかるため、変形ツールの「移動」モードを使って全体のサイズ変更を行います。

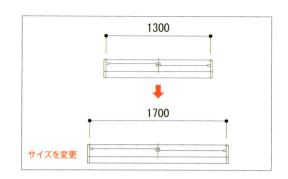

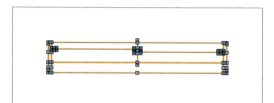

1 図形をすべて選択します。

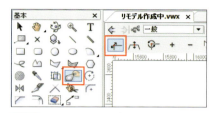

2 変形ツールの「移動」モードを選択します。

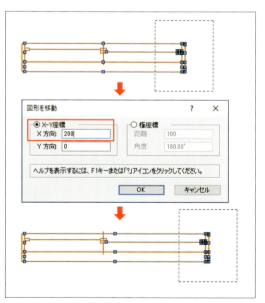

3 移動する範囲を囲んで、ショートカット［Ctrl］（Mac：［⌘］）＋［M］キーで「図形の移動」ダイアログを表示し移動距離「X=200」を入力します。

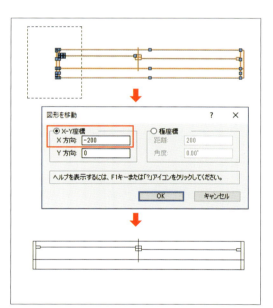

4 同様に反対側を囲むように選択し、「図形の移動」を「X-200」で移動すると完成します。

 HINT

1300mmを1700mmにするには、あと400mm大きくする必要があります。引き違い窓の中心を基準に左右部分を移動して変形するため、それぞれ「200mm」移動することになります。

アイドロッパツール

図形に設定した色や模様、線の太さやスタイルなどの属性をアイドロッパツールでほかの図形に簡単に設定することができます。そのほか、文字や寸法線、プラグインオブジェクトなどのパラメータを割り当てることができ、設定項目を「アイドロッパツール設定」で選択することができます。

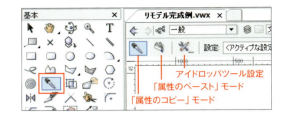

アイドロッパツールの設定項目

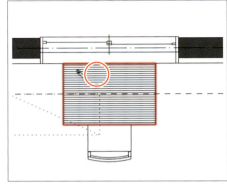

1 「属性のコピー」モードでコピーする図形の上でクリックします。

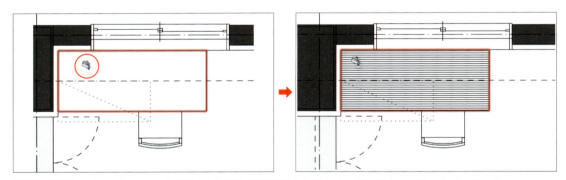

2 「属性のペースト」モードで設定を割り当てる図形の上でクリックします。コピーとペーストのモード切替えは［Ctrl］キー（Mac：［option］キー）を押して切替えることができます。

ハッチング

ハッチングは模様の一種で属性パレットの「模様」とは違い、寸法を持たせることができ、縮尺の違いにも対応させることができます。ここでは120幅のフローリングの目地と300角のタイルの模様を作成します。

ハッチングの作成

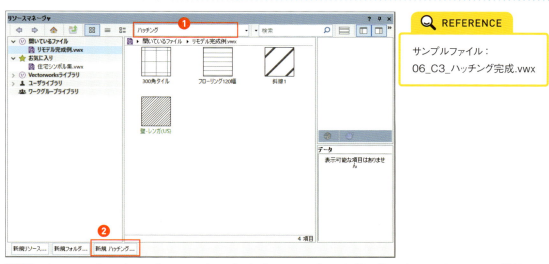

> **REFERENCE**
> サンプルファイル：
> 06_C3_ハッチング完成.vwx

1 リソースマネージャの「リソースタイプ」を「ハッチング」に切替え❶、パレット左下にある「新規ハッチング」ボタンをクリックします❷。

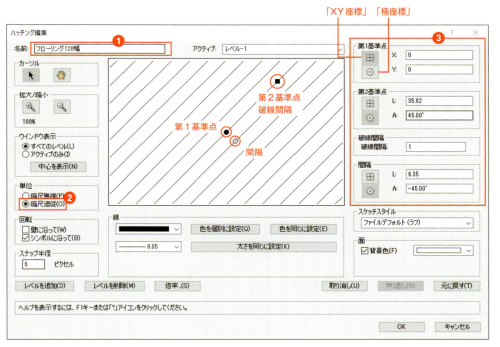

2 「ハッチング編集」ダイアログが開きます。「名称」に「フローリング120幅」と入力し❶、ハッチングが縮尺を認識するように「単位」の「縮尺追従」を選択します❷。ハッチングは「第1基準点」「第2基準点」「破線間隔」「間隔」❸の4つの点で構成されます。基準点の設定は「XY座標」あるいは「極座標」で行います。座標はボタンで切替えて選択します。

ここでは、基準となる各点の座標値（原点からの距離：L）と角度（A）で設定する「極座標」の設定方法を説明します。

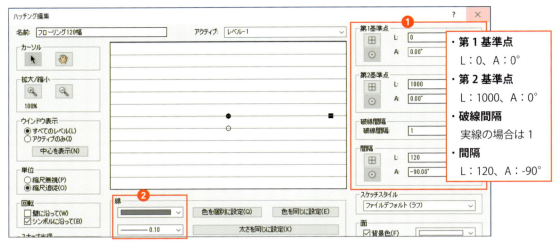

3 水平な線を設定します。ここでは「極座標」での設定方法を説明します。「第1基準点」に対して「第2基準点」の角度を「0°」にすると水平になります。「破線間隔」は実線の場合は「1」とし、「間隔」にフローリングの目地幅である「120」を入力します❶。そのほかに線の色（ここではグレー）、線の太さを設定することができます❷。設定後「OK」ボタンをクリックします。

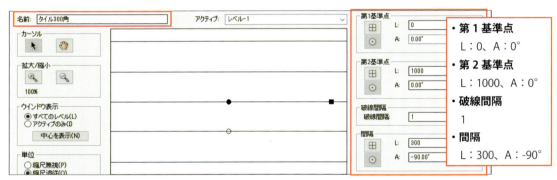

4 同様に300角のタイルを作成します。格子状のタイルは水平と垂直の線で構成されており、ハッチングはそれぞれの線を重ね合わせて1つの模様となります。フローリングと同様の手順で最初に水平の線を作成します。

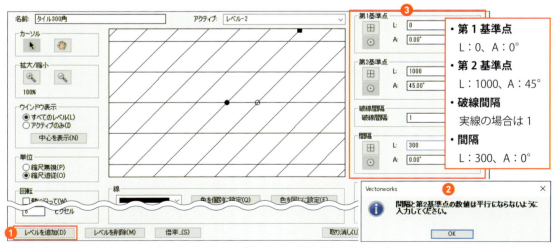

5 「レベルを追加」ボタンをクリックします❶。レベル1とずれた位置に「レベル2」が追加されます。垂直になるように各項目の角度を入力しますが、「第2基準点」の角度と「間隔」の角度に同じ数値が入るとエラーメッセージが表示されます❷。そのため、一度、図のように第2基準点の角度を適当な角度に変えて設定します❸。

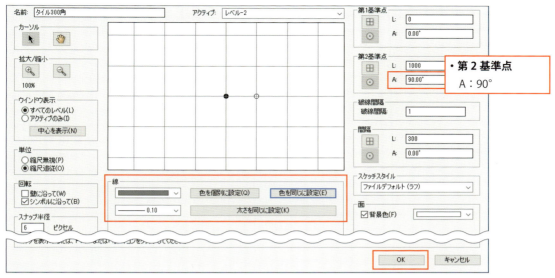

6 「第2基準点」の角度を「90°」に変更します。線の色(ここではグレー)と線の太さを設定します。レベル1とレベル2の設定を揃えるため「色を同じに設定」「太さを同じに設定」ボタンをクリックします。設定後「OK」ボタンをクリックします。

ハッチングの設定

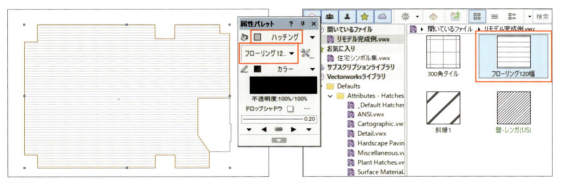

1 ハッチングの設定方法です。床の図形を選択し属性パレットからフローリングのハッチングを選択します。もしくは、床の図形を選択した状態でリソースマネージャのフローリングのハッチングをダブルクリックして設定します。

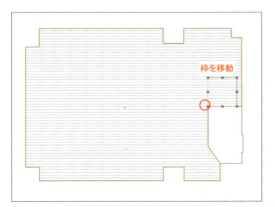

2 属性マッピングツール でハッチングの位置を修正することができます。画面に表示された枠を移動してフローリングの貼り始めの位置を調整します。

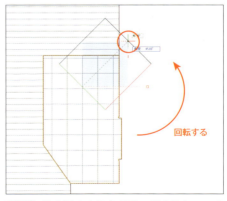

3 枠の辺の中心をドラッグするとハッチングを回転することができます。

グラデーションと組み合わせてハッチングを使用する

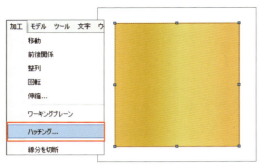
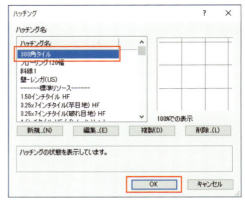

1 グラデーションやイメージと組み合わせてハッチングを使用する場合は、図形を選択後に「加工」メニューから「ハッチング」を選択します。

2 「ハッチング」ダイアログから「300角タイル」を選択して「OK」をクリックします。

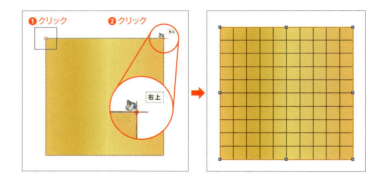

3 バケツのカーソルが表示され、図形の端点にスナップし、そのまま水平にカーソルを移動してクリックします。

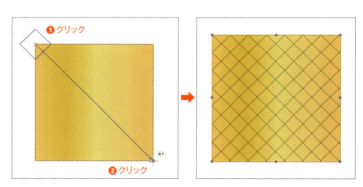

斜めにハッチングを設定する場合は、カーソルを斜めに移動してクリックします。

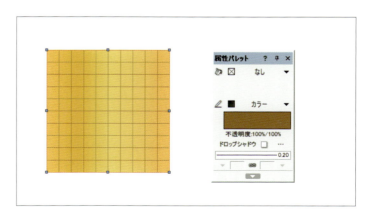

4 ハッチングはグループ図形になっています。属性パレットで線の色や太さを変更することができます。目地の色を自由に変えることができ、ベース図形の色と同系色の色で設定すると仕上がりもきれいになります。

ハッチングの色設定

ハッチング自体に色を持たせることもできます。「ハッチング編集」ダイアログの「面」の「背景色」を設定します。

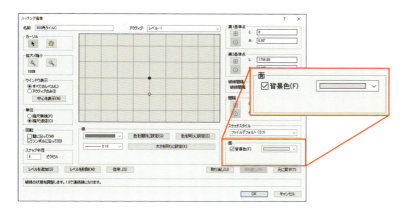
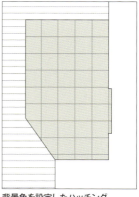

背景色を設定したハッチング

ポイント間複製ツール

ポイント間複製ツールは複数の形状を直列で並べる際に、クリックで距離を指定できる便利なツールです。

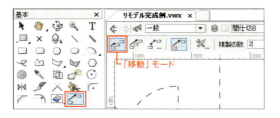
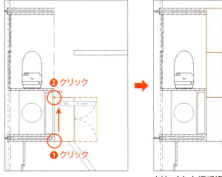

クリックした幅で複製

「参照点」モード

「参照点」モードでは図形の間隔を数値で調整することができます。ここでは2つの椅子の間隔を設定します。

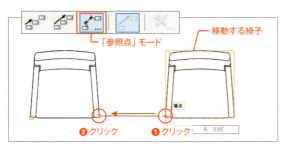

1 移動する片方の椅子を選択しポイント間複製ツールの「参照点」モードを選択して基準になる椅子の端をクリックします。

2 「オフセットの設定」ダイアログの「最初のクリック」は「参照点」を選択した状態で「オフセット」に数値を入力して「OK」をクリックします。

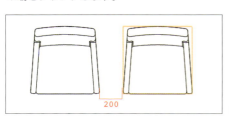

椅子の間隔が修正できた

「移動」モードで等間隔に配置

「移動」モードで3つの椅子を同じ間隔で配置します。

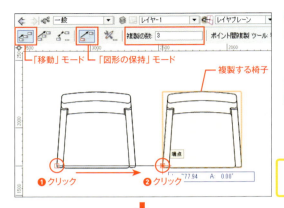

1 右側の椅子を選択した状態で「移動」モードを選択し「図形の保持」モードをオンにして「複製の数」に「3」を入力します。

2 左側にある椅子の左下（配置の基点）をクリックし❶、右側にある椅子の左下（間隔）を水平を保ちながらクリックします❷。

> ⚠ **CAUTION**
> 斜めにクリックしてしまうと配置も斜めになってしまいます。

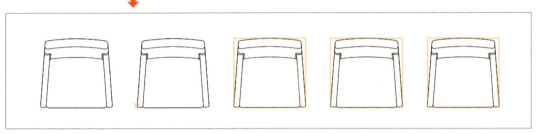

「均等配置」モードで等間隔に配置

「均等配置」モードでクリックで指定した距離に椅子を均等に並べます。

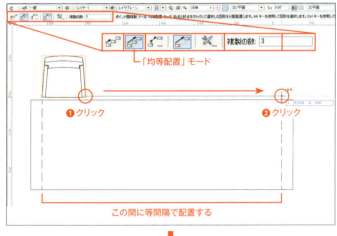

1 椅子を選択した状態で「均等配置」モードを選択し、「図形の保持」モードをオンにして「複製の数」を「3」にします。

2 椅子の右下（基点）をクリックし❶、右の破線と椅子の基点が交差する位置でクリックします❷。

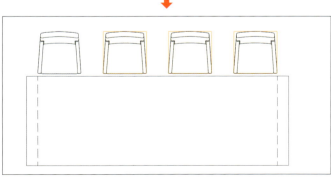

SECTION
02 ハイブリッドの活用

2D図面を作成していたのに、視点を変えればパースにも利用できる3Dモデルができていた！という「ハイブリッド」な作図方法を紹介します。空間ボリュームの確認も簡単に行うことができるようになります。

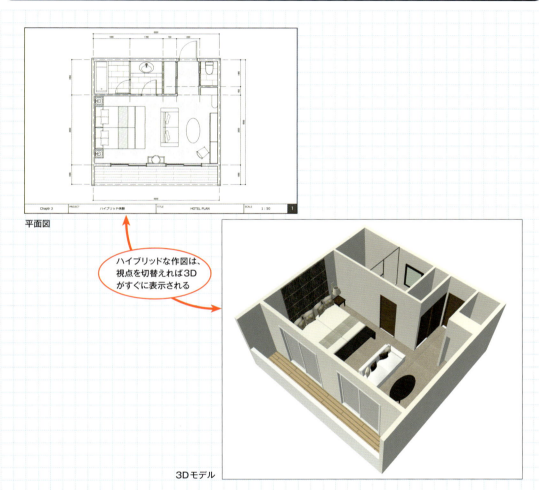

作例完成イメージ

平面図

ハイブリッドな作図は、視点を切替えれば3Dがすぐに表示される

3Dモデル

建築業界では世界的にBIM化が進んでいますが、古くからVectorworksには図形に2Dの属性と3Dの属性を持たせることができる「ハイブリッド」機能が搭載されていました。バージョンアップが進む中、Designer版やArchitect版ではBIMに対応した機能が充実しています。ここではFundamentalsにも搭載されているベーシックなハイブリッド機能をインテリア設計に利用する方法を解説します。

💡 HINT

BIMとは、Building Information Modeling（ビルディング インフォメーション モデリング）の略称で、コンピューター上に実際の建物と同じ3Dモデルを作成し、モデルに部材サイズや仕様、性能、単価などの情報を持たせることで建築設計から施工、維持管理までのあらゆる工程で情報活用を行うことができるもの。図面と連動しており、3Dからさまざまな図面への展開もできる。

Chapter 3 Vectorworksの作図を極める！

2-1　ハイブリッドの作図

ハイブリッドとは

　Vectorworksにおいてハイブリッドとは、2Dの属性と3Dの属性の両方をもつ形状をいいます。1つの形状で図面とパースの両方に使用することができ、変更が加わった際にも連動させることができます。インテリア設計の場合、躯体入力時に壁ツールや柱、床コマンドを使用すると3Dでの空間シミュレーションがすぐにできるようになります。

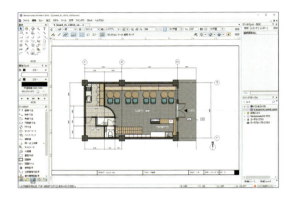

ハイブリッド空間作成

　ここでは、テンプレートを使ってハイブリッド空間の作成を体験してみましょう。作成するものは以下の通りです。

- 柱
- 壁
- 梁
- 床
- 天井（一部折り上げ）

　テンプレートにはそれぞれレイヤが用意されていますので、作図に合わせて切替えます。

> **REFERENCE**
>
> サンプルファイル：07_C3_ハイブリッド体験.vwx

柱を作成

1 「柱・壁」レイヤに四角形ツールで「X500,Y=500」の柱を図の位置に作成します。

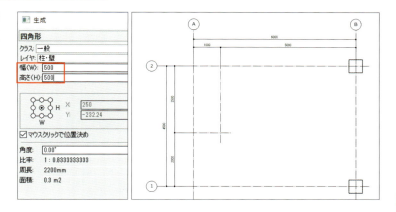

2 四角形を1つずつ柱に変換します。「モデル」メニューの「建築」から「柱」を選択します。「柱の設定」ダイアログで「高さ」に「2500」を入力し「OK」します。

> 💡 **HINT**
> Designer、Architect版では「建築・土木」メニューから「柱」を選択します。

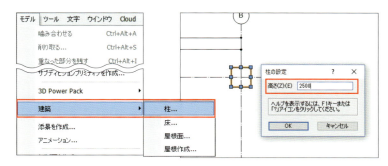

3 視点を「斜め右」にすると柱が3Dで表示されます。

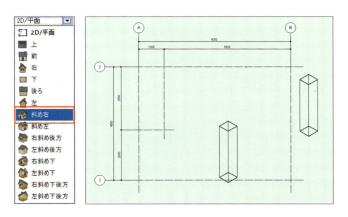

壁を作成

1 ツールセットから壁ツールを設定します。データ表示バーの「両側線作成」モード❶、「多角形」モード❷を選択し、「壁ツール設定」❸をクリックします。

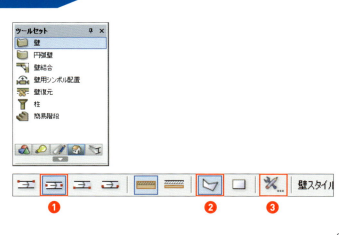

2 「壁の設定」で「全体の厚み」を「150」にします❶。「配置オプション」タブをクリックし❷、「高さ」を「2500」❸にして「OK」をクリックします。

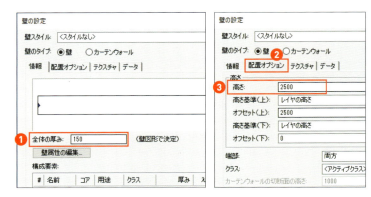

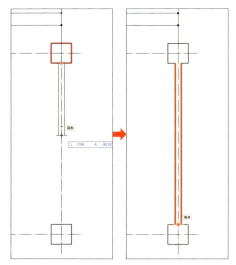

3 柱の間に壁を作成します。壁は柱に触れると赤く表示されます。柱と壁が結合し、自動的に包絡表示になります。

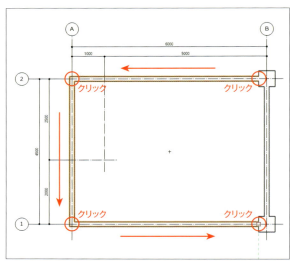

4 残りの壁を図の手順でクリックしながら作成します。

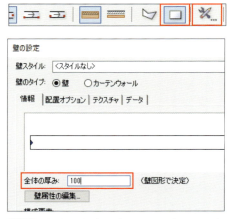

5 左上の内壁を壁の厚みを変更して作成します。データ表示バーを「四角形」モードに切替え、「壁の設定」で壁の厚みを「100」に変更します。

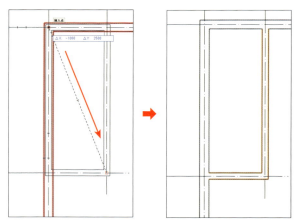

6 基準線にスナップさせながら四角形で壁作成します。壁が重なった部分は自動的に統合されます。

⚠ **CAUTION**

柱や壁を自動結合するためには、同じレイヤ上で操作します。

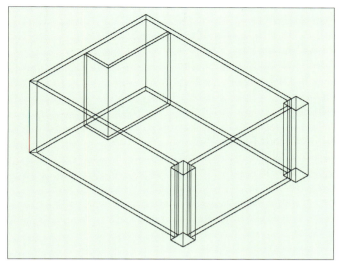

7 視点を「斜め右に」して確認すると壁も 3D で表示されます。

COLUMN

多角形から壁を作成

2D 図形から壁を生成することができます。図形を選択し「加工」メニューから「多角形から壁を作成」を選択します。

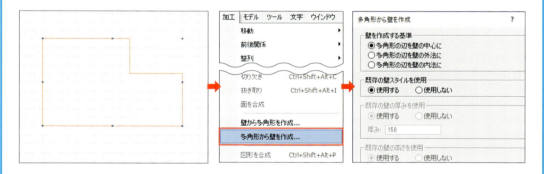

「多角形から壁を作成」ダイアログで「壁を作成する基準」を選択します（ここでは「多角形の辺を壁の中心に」を選択しています）。「既存の壁スタイルを使用」を「使用する」にした場合は、「壁の設定」の項目に合わせて作成されます。

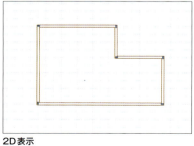

2D 表示

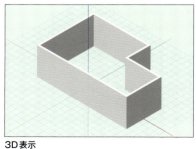

3D 表示

床の作成

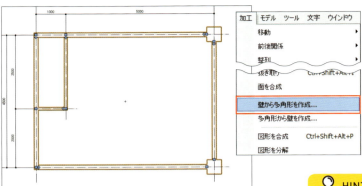

1 壁の内側に合わせて床を作成します。柱と壁のすべてを選択し、「加工」メニューから「壁から多角形を作成」を選択します。

> 💡 **HINT**
> Designer、Architect版では「建築・土木」メニューから「壁から多角形を作成」を選択します。

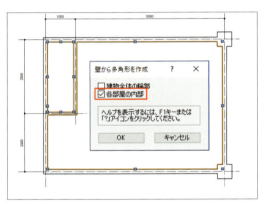

2 「壁から多角形を作成」ダイアログの「各部屋の内部」をチェックして「OK」をクリックします。室内の床を自動的に作成することができます。

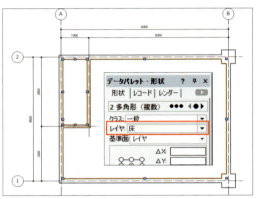

3 床の図形をデータパレットで「床レイヤ」に移動します。

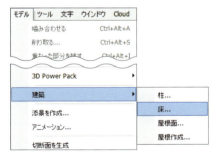

4 床の多角形をそれぞれハイブリッドの「床」にします。「モデル」メニューから「建築」の「床」を選択します。

> 💡 **HINT**
> Designer、Architect版では「建築・土木」メニューから「床」を選択します。

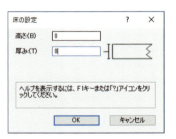

5 「床の設定」ダイアログの「高さ」と「厚み」に数値を入力します（設定する数値は **6** を参照）。

208

6 それぞれ目的の「厚み」や「高さ」に設定します。厚みの表現が必要ない場合は「厚み」を「0」に設定できます。

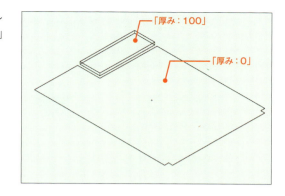

「高さ」と「厚み」の関係は図のようになります。

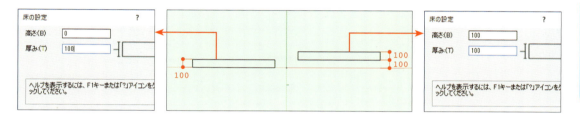

梁の作成

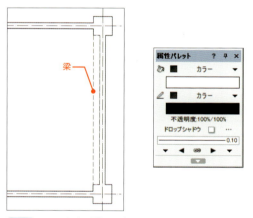

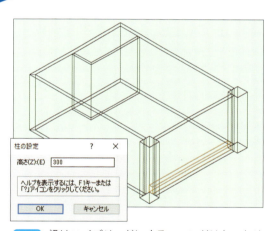

1 レイヤを「柱・壁」に切替え、図のように右側の壁に梁の形状を作成します。平面図で表現ができるよう、線のスタイルを「破線」にします。

2 梁はハイブリッドにするコマンドはないため「柱」を代用します。ここでは「高さ」を「300」にします。梁は床面の上にでき上がります。

3 データパレットの「高さ」を「2200」にして、梁が天井につくように移動します。

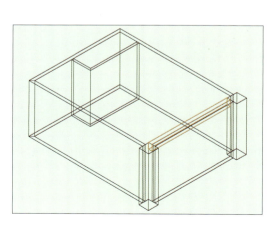

209

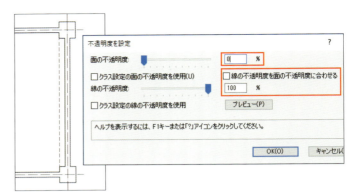

4 梁の 2D 属性は「面」を「白」、「線」を「破線」にしています。このままだと、平面図の時に面の影響で柱や壁の線が破線に隠れてしまいます。面をなしにすると 3D の時に不都合が出るため、面の属性を「透明」に設定します。

5 「不透明度を設定」で「面の不透明度」を「0%」にし、「線の不透明度」は「面の不透明度に合わせる」のチェックをはずし、不透明度「100%」のままにします。これで 2D 表示の時に梁に柱が隠れないように表示できます。

> 💡 **HINT**
> 図形の「前後関係」を入れ替えて対応することも可能ですが、それができない場合はこの方法が有効です。

天井の作成

「天井レイヤ」に折り上げのある天井を作成します。天井はハイブリッドにせず、3D で使用できる設定にします。四角形で全体の天井と折り上げ部を作成し、「切り欠き」をしておきます。

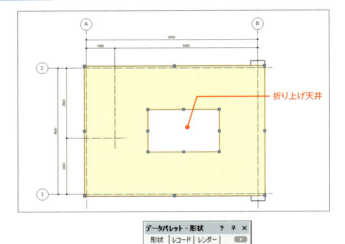

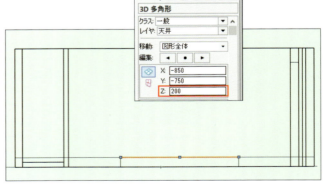

1 全体の天井を「モデル」メニューの「柱状体」で「奥行き」を「200」にし、折り上げ部を「加工」メニューの「変換」で「3D 多角形に変換」します。

2 視点を「前」に切替えると天井は床の上にあります。先に折り上げ天井の 3D 多角形をデーターパレットの「Z=200」にして上に移動します。

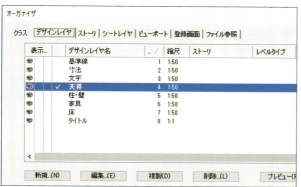
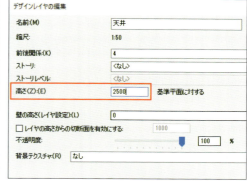

3 「レイヤ」ボタン をクリックし、「オーガナイザ」を開きます。「天井」レイヤをダブルクリックし、デザインレイヤの編集でレイヤの「高さ」を「2500」にします。

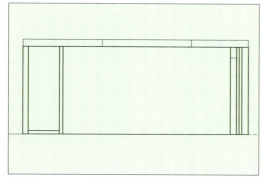
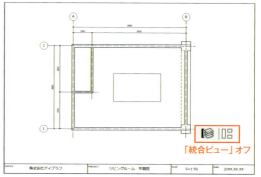

4 レイヤの基準平面が 2500 の高さに移動し、天井面ができました。

5 ハイブリッド空間の完成です。平面図の表示にする場合は「統合ビュー」をオフにして縮尺違いのタイトルも表示されるようにします。

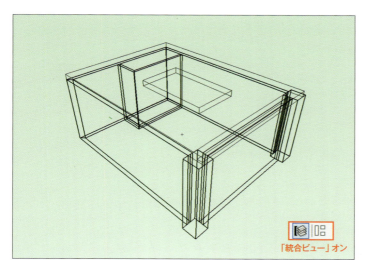

🔍 REFERENCE

サンプルファイル：08_C3_ハイブリッド躯体完成.vwx

6 3Dのみを表示する場合は「統合ビュー」をオンにし、壁や床など各レイヤにあるモデルが同時に表示されるようにします。「基準線」（2Dのみ）レイヤを非表示に設定して、でき上がった 3D を確認してみましょう。

2-2 ハイブリッドシンボル

ハイブリッドシンボルとは

　一般的な図形（四角形や多角形など）で作成した図形をハイブリッド図形する場合は、2D図形と3D図形を1セットにしてシンボル登録した「ハイブリッドシンボル」にします。わかりやすく言うと、シンボルには「2Dの部屋」と「3Dの部屋」があり、どちらかの部屋にも図形が入っているシンボルがハイブリッドシンボルとなります。図は2Dシンボル、3Dシンボル、ハイブリッドシンボルの仕組みになります。

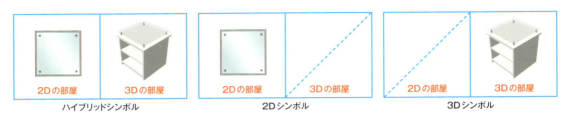

　ハイブリッドシンボルは、2Dのビューでは2D図形が表示され、3Dのビューでは3D図形が表示されます。

　リソースマネージャでは、2Dシンボルには「2」、3Dシンボルには「3」と数字がシンボルアイコンの右下に小さく表示されます。ハイブリッドシンボルに数字の表示はありません。また、カーソルがアイコンに触れるとシンボルのタイプが表示されます。

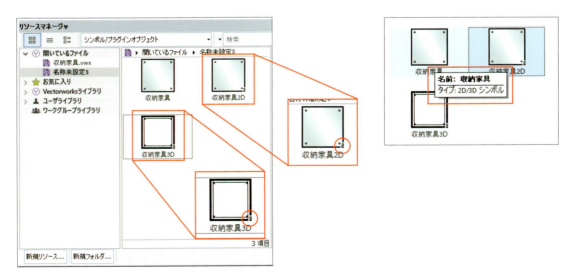

建具シンボル

　親子ドアのハイブリッドシンボルを作成しましょう。図を参考にガラスの框ドアを作成します。ショートカットや図形の複製、データパレットによるサイズ変更などを使いながら、できるだけ短時間で作成できる方法で進めます。

> 🔍 **REFERENCE**
>
> サンプルファイル：09_C3_親子ドア完成.vwx

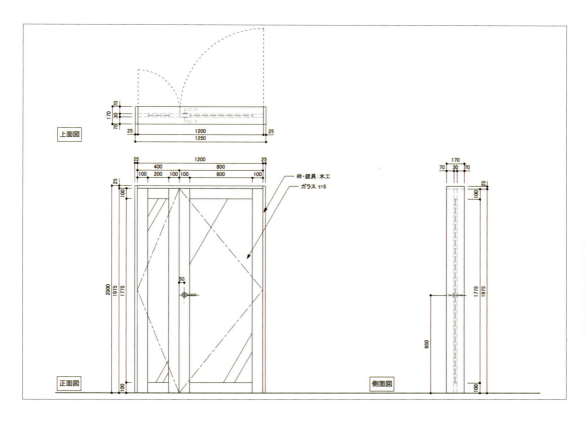

2Dの作図

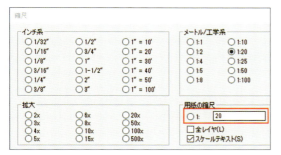

1 新規作成で縮尺を「1/20」に設定します。

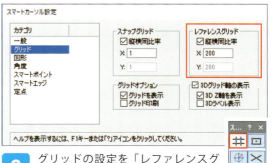

2 グリッドの設定を「レファレンスグリッド」のみ「200」にします。また、ここではスナップグリッドを無効にします。

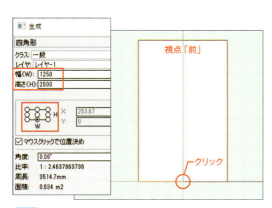

3 視点を「前」にします。四角形ツールで「幅：1250」、「高さ：2000」の四角形の「中下」が原点にスナップするように配置します。

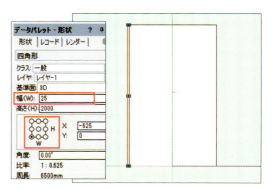

4 四角形を「複製」し、データパレットの「左下」を基点に「幅」が「25」の四角形に変更します。左側の枠ができました。

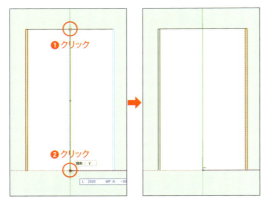

5 左側の枠をミラー反転ツール ▶◀ で右側の枠として反転コピーします。

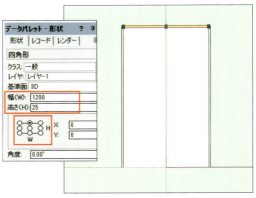

6 最初に配置した四角形を選択し、複製します。データパレットで「基点」を「中上」にして「幅」を「1200」、「高さ」を「25」に変更します。

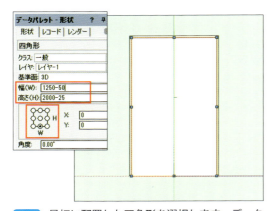

7 最初に配置した四角形を選択します。データパレットの「中下」を基点にし、「幅」を「1200」、「高さ」を「1975」にします。この時、データパレットに計算式を入れてサイズ変更することもできます。

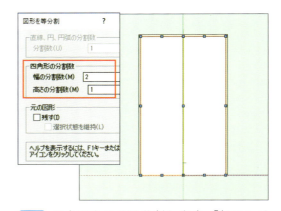

8 四角形を2つに分割します。「加工」メニューから「作図補助」の「図形を等分割」を選択します。「四角形の分割数」の「幅の分割数」を「2」、「高さの分割数」を「1」にして「OK」をクリックします。

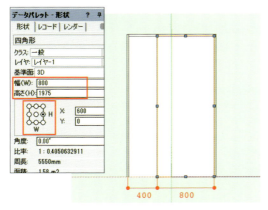

9 データパレットで左側の四角形の「幅」を「400」、右側の四角形の「幅」を「800」にします。

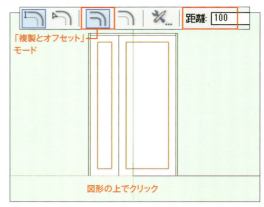

10 内側のガラスを作成します。2つの四角形を選択し、オフセットツール を選択します。「複製とオフセット」モードにして「距離」を「100」に設定し、図形の上でクリックします。

11 扉になる図形をすべて選択し、図形の上で右クリックして「切り欠き」を選択します。

> 🔍 **REFERENCE**
> サンプルファイル：10_C3_親子ドア切り欠き.vwx
> **11**の「切り欠き」から操作ができます。

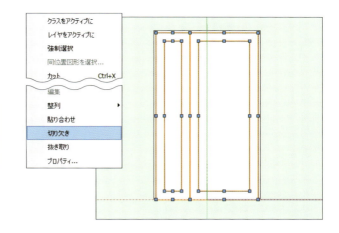

3Dに変換

1 それぞれを「柱状体」に変換します。枠の奥行きを「170」、框の奥行きを「30」、ガラスの奥行きを「5」にします。図形を複数選択して柱状体にした場合はグループ化されます。

> 💡 **HINT**
> ショートカット「柱状体」：[Ctrl]（Mac：[⌘]）+ [E] キー

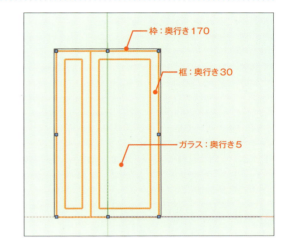

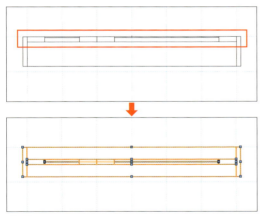
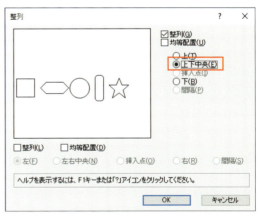

2 表示を「2D/平面」に切替えます。扉（框とガラス）が枠に揃っているので、「整列」で「上下中央」にして「OK」をクリックします。

> 💡 **HINT**
> ショートカット「整列」：[Ctrl]（Mac：[⌘]）+ [@] キー

レバーハンドルの作成

図のようなレバーハンドルを作成します。

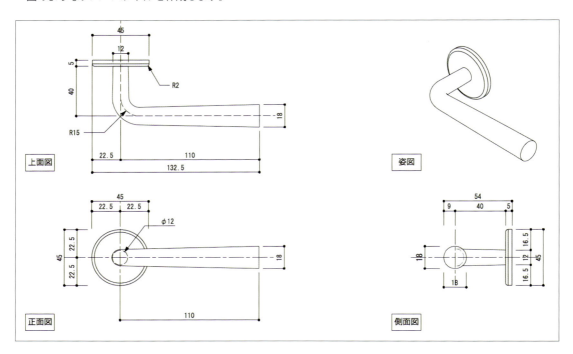

1 視点を「前」に切替えます。左右の扉の下の境目の部分を中心に「直径=45」の円を配置して「柱状体」の「奥行き」を「5」にします。

2 その後の作成がしやすいようにグループにします。

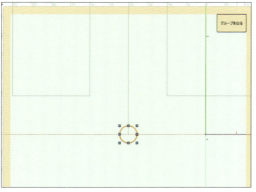

3 図形をダブルクリックしてグループの編集に入ります。ほかの図形はグレー表示になっています。

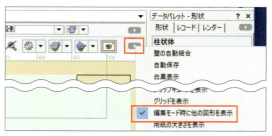

4 作業をしやすくするため、編集時の表示設定を変更します。「データ表示」バーの右側にある「クイック設定」メニューを開き「編集モード時に他の図形を表示」にチェックを入れます。表示されたボタンで表示を切替えることができます。オフにするとグループ内の図形だけが見えるようになります。

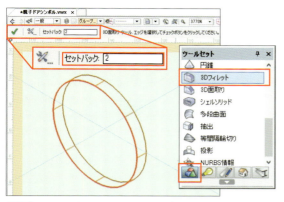
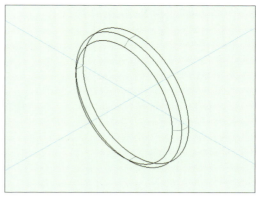

5 3D図形にフィレットを設定します。視点を「斜め右」にします。「ツールセット」の「3D」の「3Dフィレット」を選択し、データ表示バーの「セットバック」を「2」にして図の位置をクリックします。

6 「チェック」ボタンをクリックするか、[Enter]キー（Mac：[return]キー）を押すとフィレットができます。

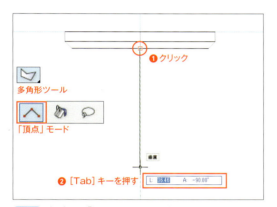
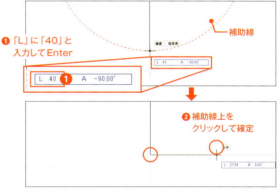

7 視点を「2D/平面」に切替え、ハンドル部分のパス図形を作成します。多角形ツールの「頂点」モードを選択し、図形の中点をクリックして下の方向にカーソルを移動します。キーボードの[Tab]キーを押すと「フローティングデータバー」に数値入力ができるようになります。

8 「L」に「40」と入力して[Enter]キー（Mac：[return]キー）を押す❶と補助線が表示され、クリックすると座標値が設定されます❷。

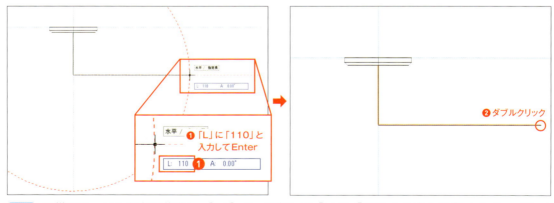

9 同様にカーソルを右に移動し、[Tab]キーを押して「L」を「110」と入力して[Enter]キー（Mac：[return]キー）を押します❶。補助線の位置でダブルクリックして多角形を終了します❷。

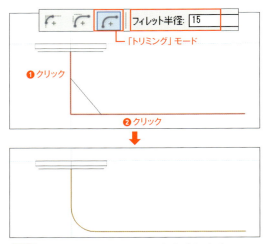

10 コーナーにフィレットを作成します。フィレットツールの「トリミング」モードで「フィレット半径」を「15」にします。フィレットを作成する線をクリックします。

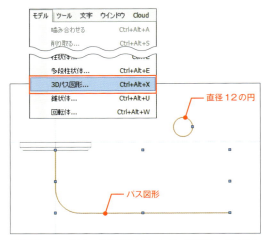

11 ハンドルの断面形状となる「直径」が「12」の円を作成し、パスの図形と合わせて選択します。「モデル」メニューから「3Dパス図形」を選択します。

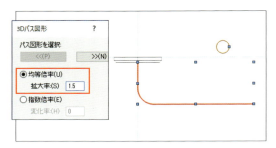

12 パス形状が正しく選択されているか確認し、「均等倍率」の「拡大率」に「1.5」を入力して「OK」をクリックします。

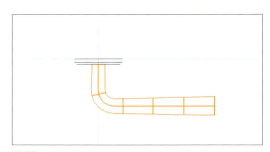

13 ハンドルが完成しました。

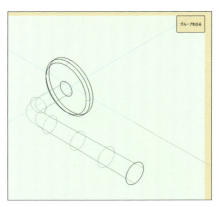

14 視点を「斜め右」に切替えて確認します。「グループを出る」をクリックして編集を終了します。先端の太さが違うハンドルができました。

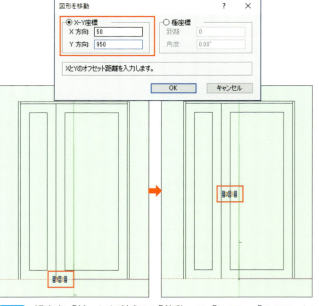

15 視点を「前」に切替えて「移動」で「X=50」、「Y=950」にし、取手の位置を移動します。

218

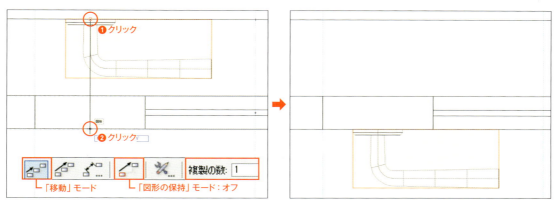

16 視点を「2D/平面」に切替えます。ハンドルを選択した状態でポイント間複製ツール 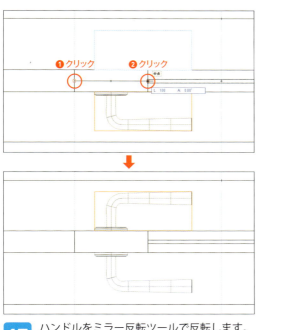 を選択し、「移動」モードの「図形の保持」モードをオフ、「複製の数」は「1」にして扉の位置まで移動します。

17 ハンドルをミラー反転ツールで反転します。

18 親子ドアの完成です。

> **REFERENCE**
> サンプルファイル：11_C3_親子ドア 3D 完成.vwx

シンボルの登録

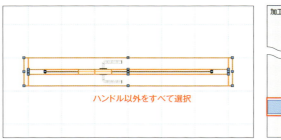
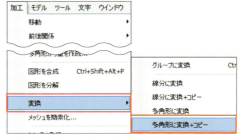

1 視点を「2D/平面」に切替え、3D 図形の上に 2D を重ねて作図します。3D 図形をすべて選択し、「加工」メニューから「変換」の「多角形に変換＋コピー」を選択します。

2 「多角形に変換」から「ワイヤーフレームに変換」を選択して「OK」をクリックします。

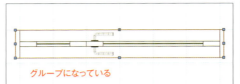

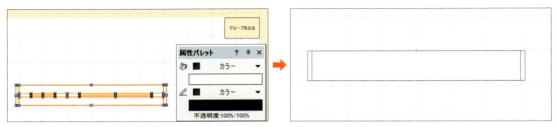

3 多角形はグループになっています。図形をダブルクリックしてグループの編集に入り、図形の面属性を「カラー」にします。面が表示されますが、図形の前後関係により正しく表示されていません。

4 正しく図が表示されるように前後関係を修正します。図形の上にカーソルを置いてキーボードの「B」ボタンを押すと図形が透過し、後ろにある図形を選択することができます。目的の図形が選択できたら「前後関係」を「最前へ」にして順序を入れ替えます。

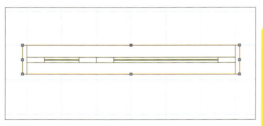

> **HINT**
>
> ショートカット「前後関係」
> 最前へ：[Ctrl]（Mac：[⌘]）+ [F] キー
> 前へ：[Ctrl]（Mac：[⌘]）+ [Alt]（Mac：[option]）+ [F] キー
> 最後へ：[Ctrl]（Mac：[⌘]）+ [B] キー
> 後へ：[Ctrl]（Mac：[⌘]）+ [Alt]（Mac：[option]）+ [B] キー

5 目的の図形が選択できたら「前後関係」を「最前へ」にして順序を入れ替えます。該当する図形の前後関係を修正し、グループの編集を出ます。

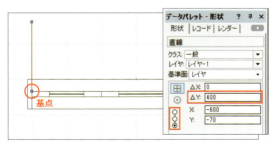
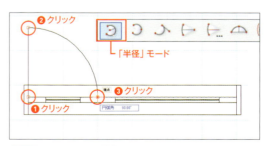

6 扉の開き勝手を作成します。直線ツールで線の長さ（ΔY）が「400」になるように作成します。

7 円弧ツール の「半径」モードで扉の軌跡を作図します。手順は図の通りです。

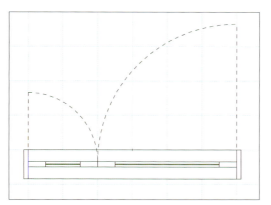

8 同様に反対側の扉の開き勝手も作成します。図は線を細線の破線で作成しています。

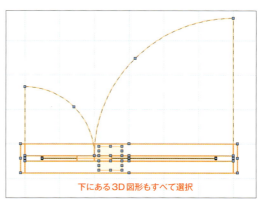

下にある3D図形もすべて選択

9 シンボル登録をします。下にある3D図形も含めてすべての図形を選択します。

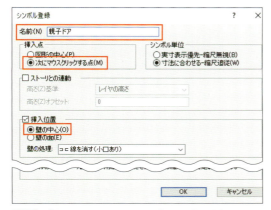

10 「加工」メニューから「シンボル登録」を選択し、シンボルの「名前」を「親子ドア」、「挿入点」を「次にマウスクリックする点」、「挿入位置」を「壁の中心」にして「OK」をクリックします。

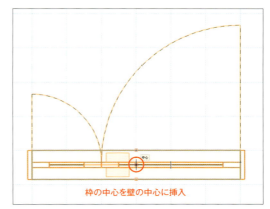

枠の中心を壁の中心に挿入

11 壁の中に配置する挿入点が枠図形の中心になるように図形をクリックします。

12 シンボルを登録するファイルを確認したら「OK」ボタンをクリックし、登録を完了します。

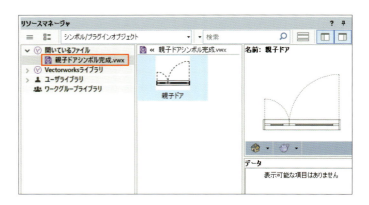

13 リソースマネージャの「開いているファイル」で作業中のファイルを選択し、登録内容を確認します。

Chapter 3　Vectorworksの作図を極める！

家具シンボル

図のような収納家具を作成しててハイブリッドシンボルにしましょう。ここでは 2D から 3D に変換するモデリングではなくプッシュ／プルツールを使用したダイレクトモデリングにチャレンジしてみましょう。

> **REFERENCE**
> サンプルファイル：12_C3_収納家具完成.vwx

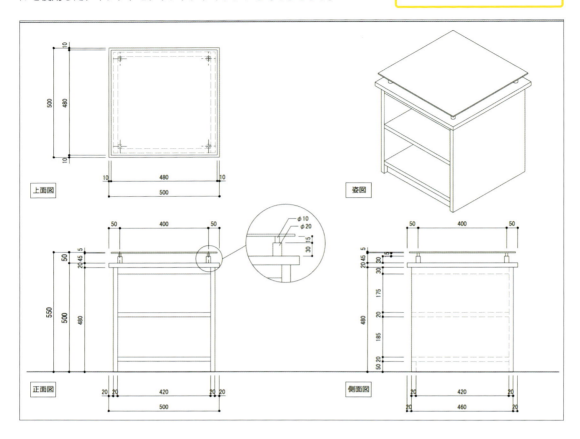

マルチビューウインドウの設定

建具と同様に縮尺を「1/20」で作成します。ここでは Vectorworks2018 の新機能の「マルチビューウインドウ」で作成します❶。マルチビューの設定は「ビュー」メニューから「マルチビューウインドウ」→「マルチビューウインドウを使用」を選択するか❷、データ表示バーの「マルチビューウインドウ」をクリックして表示します❸。

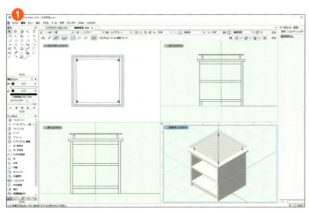

> **HINT**
> Vectorworks2018 以外では、視点を切替えながら同様な操作を行うことができます。

左上のビューが「2D/平面」、左下が「前」、右上が「右」、右下が「斜め右」の4画面が表示されます❹。
ウインドウごとに、個別のビューやレンダリング設定ができます。変更したいウインドウを選択してから、設定を変更します❺。

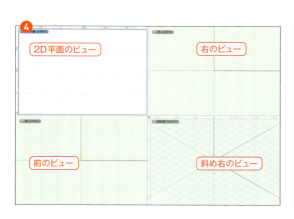

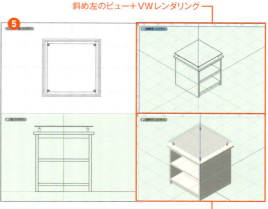

本体の作成

1 最初に基本となる図形（四角形）を「2D/平面」ビューで作成します。「幅」が「480」、「高さ」が「480」の四角形の中心が原点に揃うように「マウスクリックで位置決め」のチェックをはずし、座標値を「X=0」「Y=0」にして「OK」をクリックします。

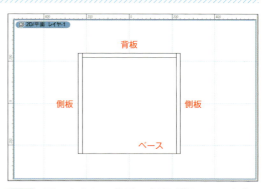

2 図のように四角形で側板「幅：20、高さ：480」と背板「幅：440、高さ：20」、ベース「幅：440、高さ：460」を自分が一番早く作れる方法で作成しましょう。

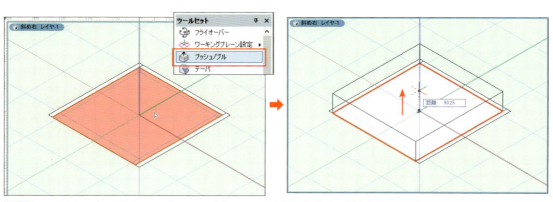

3 ツールセットの「3D」のプッシュ／プルツールを選択します。「斜め右」のビューでベースの図形の上にカーソルを置き、赤く表示されたら上にドラッグします。

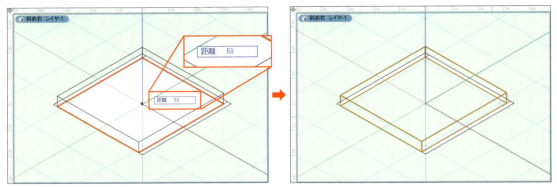

4 ［Tab］キーを押して「距離」を「50」にして［Enter］キー（Mac：［return］キー）を押します。高さが50mmのベースができました。

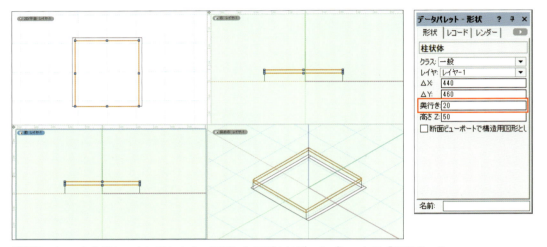

5 ベースを複製し、上に重ねます。複製したモデルはデータパレットで「奥行き」を「20」にします。

> 💡 **HINT**
>
> モデルの重ね方は自分が一番早いと思う方法でやってみましょう。
> 例）①「前」ビューでベースを「複製」して「移動」する（コマンドのショートカットを使用）
> 　　②「前」ビューで「ポイント間複製」で複製移動する
> 　　③ベースを「複製」しデータパレットの「高さ」を入力する
> 　　etc.

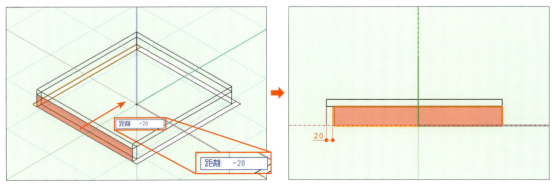

6 プッシュ／プルツールでベースの正面部分を奥にドラッグし、［Tab］キーで「距離」に「-20」と入力して［Enter］キー（Mac：［return］キー）を押します。

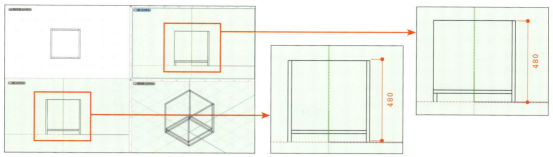

7 同様にプッシュ／プルツールで両側板と背板を高さが「480」になるように作成します。

天板の作成

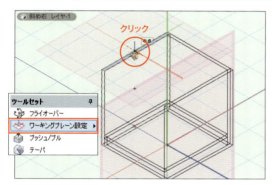

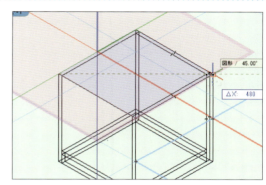

1 天板を作成します。「ツールセット」の「ワーキングプレーン設定」をクリックし、側板のトップの面をクリックします。この位置に直接モデルを作成することができます。

2 四角形ツールで天板の図形を作成します。

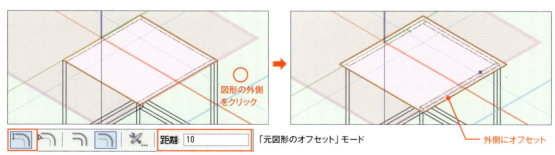

3 オフセットツールの「元図形のオフセット」モードで「距離」を「10」にして図形の外側をクリックしてサイズを大きくします。

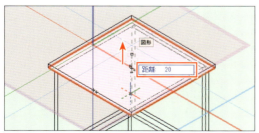

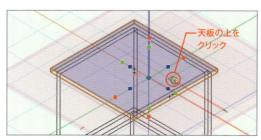

4 プッシュ／プルツールで上にドラッグし、[Tab] キーで「距離」に「20」と入力して [Enter] キー（Mac：[return] キー）を押します。

5 ガラス板の受け金物を作成します。「ワーキングプレーン設定」で天板の上をクリックします。

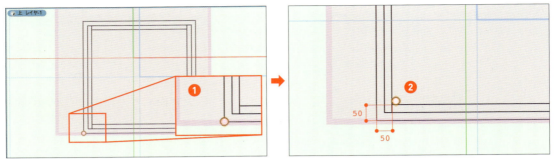

6 「2D/平面」ビューで図のように天板のコーナーに中心を合わせて「直径=20」の円を作成し❶、右に「50」、上に「50」移動します❷。

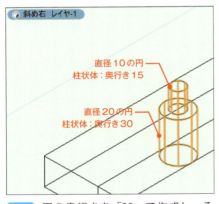

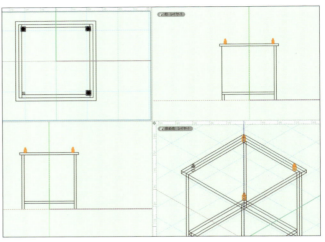

7 円の奥行きを「30」で作成し、その上に「直径=10」「奥行き=15」の形状を作成します。

8 ミラー反転ツールで3箇所のコーナーに複製します。

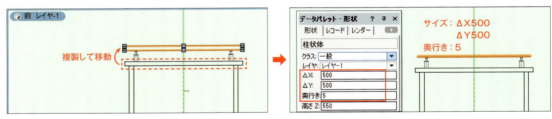

9 天板を複製し、円柱の上に乗せるように移動します。移動距離は上に「65」（＝天板の厚み20＋円柱の高さ45）になります。複製した天板はガラス板にするため、データパレットで「ΔX=500」、「ΔY=500」「奥行き」を「5」に変更します。

棚板の作成

1 「前」のビューで底板の図形を選択し、ポイント間複製ツールの「均等配置」モードで「図形の保持」モードオン、「複製の数」を「2」にして図の位置をクリックします。中の棚が均等に配置されます。

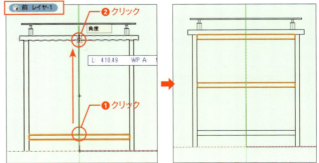

226

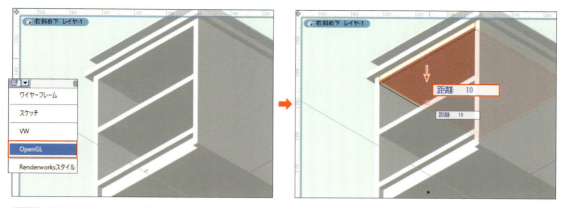

2 「斜め右」ビューを「右斜め下」に視点を切替え、形がわかりやすいように「OpenGL」でレンダリングします。天板下のモデルをプッシュ／プルツールで下にドラッグし「距離」を「10」にして厚みを付けます。

3 完成したモデルを各ビューで確認します。

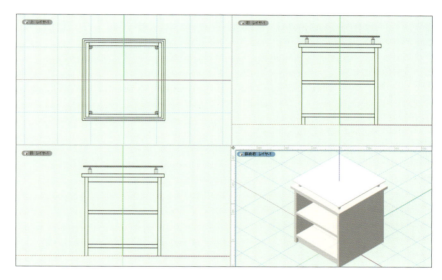

シンボル登録

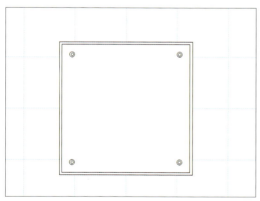

1 「2D/平面」ビューで 3D 図形の上に 2D で作成した図形を重ねて配置します。

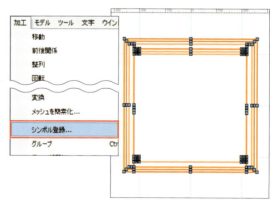

2 すべての図形を選択して「加工」メニューから「シンボル登録」を選択します。

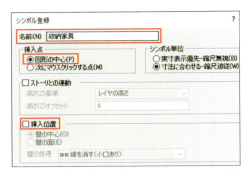
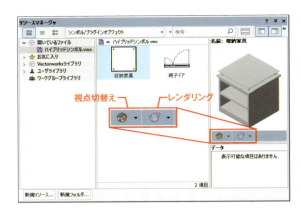

3 シンボルの「名前」を「収納家具」、「挿入点」を「図形の中心」、「挿入位置」のチェックをはずして「OK」をクリックします。続けて「シンボル登録」ダイアログで、登録するファイルを確認し「OK」をクリックします。

4 登録したシンボルを「リソースマネージャ」で確認します。図はシンボルのビューの視点を「斜め右」、レンダリングを「OpenGL」に切替えています。

照明のシンボル

光源を持ったダウンライトを作成してハイブリッドシンボルにしましょう。

> 🔍 **REFERENCE**
> サンプルファイル：13_C3_ダウンライト完成.vwx

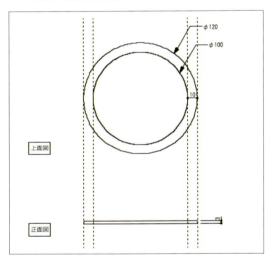
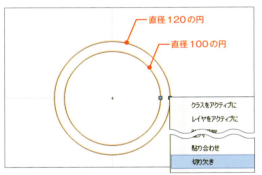

1 「2D/平面」で直径が「120」の円と「100」の円を中心を合わせて作成し、図形の上で右クリックして「切り欠き」を選択します。

2 外側の円を「奥行き=-5」の柱状体にし、中央の円は「柱状体」で「奥行き=-1」にします。

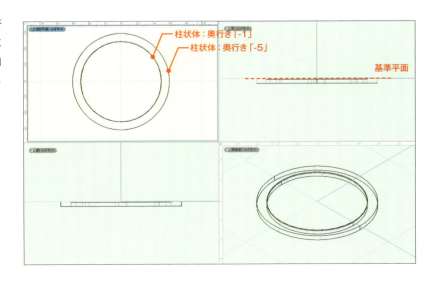

光源の設定

1. ダウンライトに光源を設定します。ツールパレットの「ビジュアライズ」から「光源」を選択し、「スポットライト」モードを選択します。

2. 円の中心でクリックをします。表示されたダイアログはそのまま「OK」をクリックして閉じます。

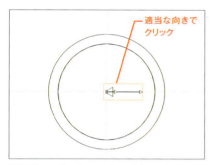
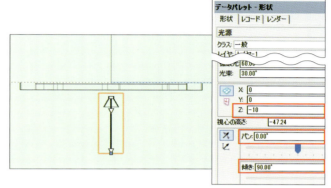

3. スポットライトの光源の向きは後から修正するため、ここでは適当な向きでクリックしていったん設定します。

4. データパレットで「Z」を「-10」にし、「パン」の角度を「0°」、「傾き」を「90°」にしてスポットライトの向きを下にします。

シンボル登録

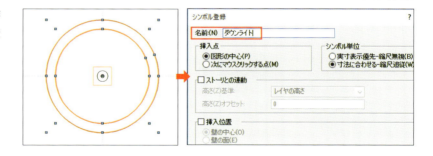

1. 2D 図形を重ねて作成し「シンボル登録」をします。

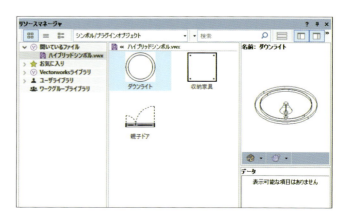

2. リソースマネージャに登録されたシンボルを確認します。

SECTION 03 シートレイヤの活用

作図するレイヤとは別に存在するシートレイヤを使い、データから必要な部分だけを取り出して提案書を作成することができます。ハイブリッドで作成したデータであれば、3Dから図面に展開したり、直接パースに展開することができます。

作例完成イメージ

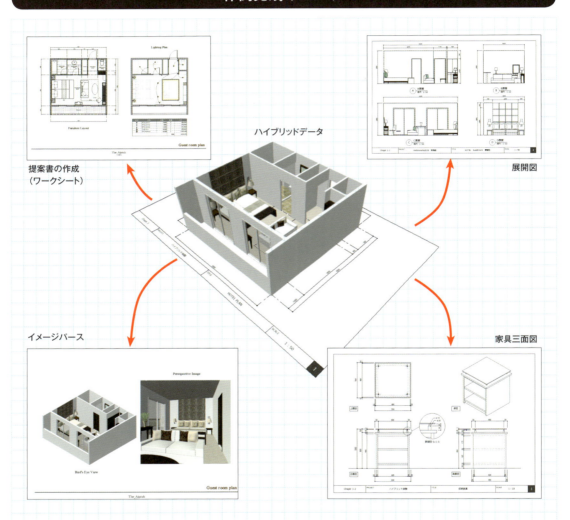

Vectorworksには作図をするデザインレイヤとは別に、図面や3Dからプレゼンテーション用に欲しい情報だけをピックアップしてレイアウトできる「シートレイヤ」があります。「ビューポート」を使って、必要なレイヤやクラスの表示設定、視点やレンダリング設定のほか、個別に縮尺を持たせることができ、それら複数のビューポートを1つのシートレイヤに配置することができます。ここではハイブリッドで作成した図面を元に、平面図と照明計画図など2種類の図面を1つの用紙にレイアウトする提案書と、3Dで視点を変えた鳥瞰とパースをレイアウトするイメージパースを作成します。また、3Dで作成した家具のモデルを使って三面図に展開する方法やバージョン2018に新しく搭載された「室内展開図ビューポート」機能を紹介します。

3-1 提案書の作成

提案書の作成

　ハイブリッド（2Dと3Dの属性をもつ）で作成したホテルのプランを提案書に展開します。このファイルは縮尺を1/50・A4サイズの用紙に合わせて作成します。レイヤやクラスの組み合わせを変えることで「平面図」「照明計画図」「3D」と使い分けることができ、それらは登録画面で切替えることができます。

> 🔍 **REFERENCE**
> サンプルファイル：14_C3_ハイブリッドホテル図面.vwx

平面図

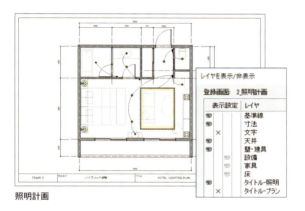
照明計画

3D

　これらの情報をシートレイヤに集約し、A3サイズの用紙に平面図と照明計画を1枚にまとめた提案書と、空間を天井より高い視点で空間を見る鳥瞰図と室内から見える視点のインテリアパース図を1枚にまとめたイメージパースの2種類を作成します。

提案図

イメージパース

> 🔍 **REFERENCE**
> サンプルファイル：15_C3_提案書完成.vwx

> ⚠️ **CAUTION**
> サンプルファイルを開くとイメージパースはワイヤーフレームになっています。図のような表示にする場合は、この先の解説に出てくる「ビューポートの更新」を行います。

新規シートレイヤの作成

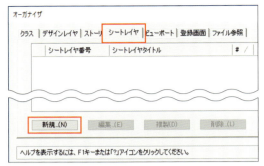 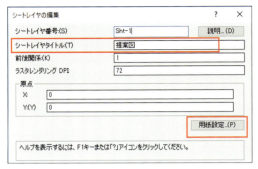

1 「レイヤ」をクリックして「オーガナイザ」の「シートレイヤ」を選択し、「新規」をクリックします。

2 「シートレイヤの編集」ダイアログで「シートレイヤタイトル」に「提案図」と入力し、「用紙設定」をクリックします。

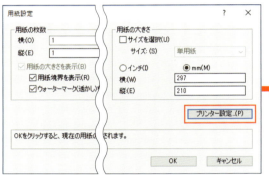 

3 「用紙設定」ダイアログで「プリンター設定」をクリックし、「用紙」の「サイズ」と「印刷の向き」をそれぞれ「A3」「横」に設定して「OK」をクリックし、すべてのダイアログを閉じます。

4 A3横サイズのシートレイヤが表示されます。シートレイヤには縮尺がなく、1/1となります。

タイトルの入力

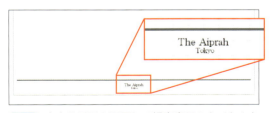 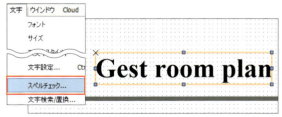

1 文字や図形を配置して提案書用のタイトルを作成します。

2 入力した英文を「文字」メニューの「スペルチェック」で確認してみましょう。

3 スペルに誤りがある場合、変更する候補のスペルがダイアログに表示されます。該当するスペルを選択し、「変更」をクリックします。

4 スペルチェックが完了し、正しいスペルに置き換わりました。

5 特殊なフォントを使用している場合や縁取りがある飾り文字にしたい場合は、「文字を多角形に変換」します。

> **HINT**
> 特殊なフォントを使用した場合、違うPCで開いた時にフォントが再現できない場合があるため、文字列を図形化します。

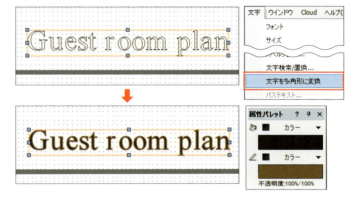

ビューポートの作成

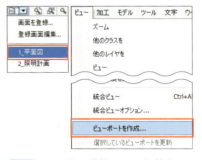
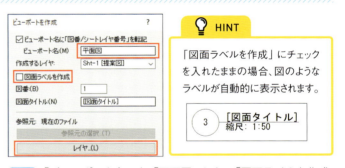

1 平面図の登録画面に切替えて、「ビュー」メニューから「ビューポートを作成」を選択します。

2 「ビューポート名」を「平面図」にし、「図面ラベルを作成」のチェックをはずします。取り込むレイヤを調整するために「レイヤ」をクリックします。

3 タイトルは不要なため、「タイトル - プラン」レイヤを非表示の設定にして「OK」をクリックし、すべてのダイアログを閉じます。

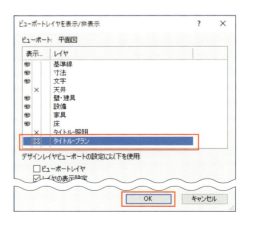

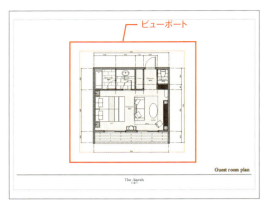

4 シートレイヤにビューポートが配置されます。

5 ビューポートは移動することができます。隣に照明計画図をレイアウトするため、位置を調整します。

6 同様に照明計画のビューポートを作成し、シートレイヤにレイアウトします。ビューポート名が入力できない場合は「ビューポート名に『図番／シートレイヤ番号』を転記」のチェックをはずします。

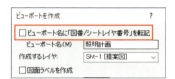

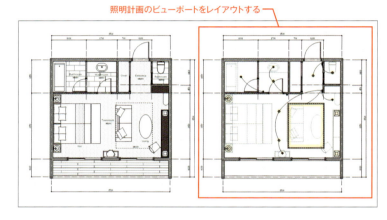

照明計画のビューポートをレイアウトする

7 配置したビューポートの編集はデータパレットで行います。図は「レイヤ」設定で照明計画の「基準線」「寸法」「文字」レイヤを非表示にしたものです。

8 デザインレイヤで作図の変更がされた場合、シートレイヤにその内容は反映されます。

ワークシートの作成

照明器具の価格リストを作成します。Vectorworksには「ワークシート」という表計算機能があります。図面から数量を拾い出して価格集計リストを作成し、図面にレイアウトすることができます。

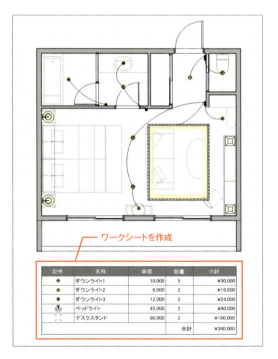

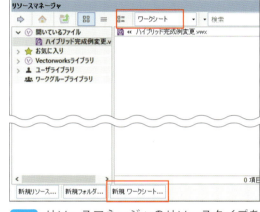

1 リソースマネージャのリソースタイプを「ワークシート」に切替えて、「新規ワークシート」のボタンをクリックします。

2 「ワークシートを作成」の「名前」を「照明器具価格表」とし、「OK」をクリックします。

3 ワークシートは固有のウインドウを持っており、作図がなくても単独で作成し、印刷することも可能です。シートの1つのマスを「セル」と言います。セルの横方向の並びが「行」、縦方向が「列」になります。

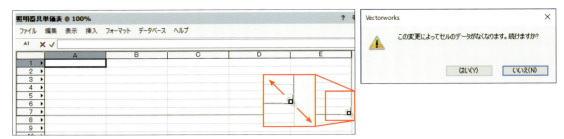

4 セルの数はセルのコーナーをドラッグして増減することができます。数を減らす場合は変更を確認するダイアログが表示されます。ここでは 7 行になるように調整します。

文字の入力

1 図を参考に、各セルに文字を入力します。文字を入力して［Enter］キー（Mac：［return］キー）を押すと、下のセルに選択が移動し、［Tab］キーを押すと右隣のセルに選択が移動します。

2 文字をセルの中心に合わせるように配置を調整します。行の「1」をクリックすると 1 行目のすべてのセルを選択することができます。「フォーマット」メニューから「セルの設定」を選択します。

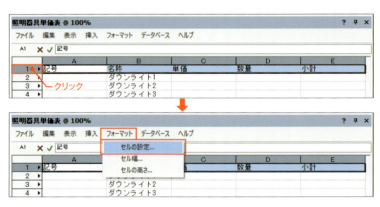

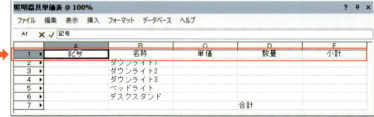

3 「セルの設定」ダイアログで「文字の配列」を選択し「水平方向」と「垂直方向」を「中央揃え」に切替えて「OK」をクリックします。

4 「単価」のセルに数値を入力し、「C 列」をクリックして C 列全体のセルを選択します。

236

5 「フォーマット」メニューから「セルの設定」を選択し、「数字」タブで「小数点」を選択します。「小数点以下」を「0」、「カンマを使う」にチェックを入れて「OK」をクリックします。数字にカンマが入ります。

シンボルの拾い出し

1 照明計画図に配置している照明シンボルを拾い出す計算式を「D列」の「数量」のセルに設定します。セルを選択し❶、入力欄に半角英数の「=」を入力します❷。

2 「挿入」メニューから「関数」を選択します。「関数選択」から「Count（条件）」を選択して「OK」をクリックすると、入力欄に関数が表示されます。

> 💡 **HINT**
> 関数を検索する際に、頭文字をキーボードで押すと（Countならば「C」）検索が速くなります。

3 そのまま「挿入」メニューから「検索条件設定」を選択し、「検索条件」ダイアログを開きます。
「属性のペースト」が開いた場合は「カスタム」をクリックして「検索条件」を開きます。

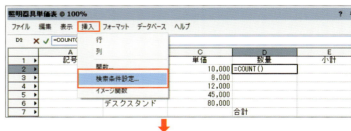

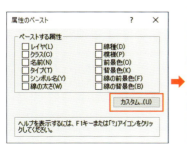
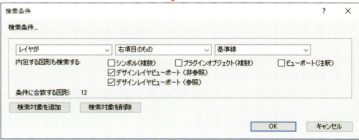

4 左の項目は「シンボルが」を指定し❶、一番右のボタンをクリックします❷。「シンボル選択」ダイアログで目的のシンボルを選択し（ここでは「ダウンライト1」）❸、「OK」をクリックします。

5 右の項目にシンボル名が表示されたら「OK」をクリックします。

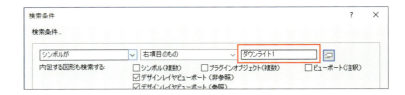

6 [Enter] キー（Mac：[return] キー）を押すと自動的に数を拾い出した結果が表示されます。ほかの項目も同様に設定します。

> 💡 **HINT**
>
> [Enter] キー（Mac：[return] キー）のほかにチェックボタン ✓ をクリックしても確定することができます。

7 小計のセル❶に「=」を入力し❷、「Cのセル（単価）」をクリック❸、「*」を入力❹、「Dのセル（数量）」をクリックし❺、[Enter] キー（Mac：[return] キー）を押すと計算結果が表示されます。
2つ目以降は1つ目のセルをコピー❻＆ペースト❼すると計算結果が表示されます。

8 合計のセル❶に「=」を選択し❷、「挿入」メニューから「関数」を選択、「SUM」を選択して❸、「OK」をクリックします。
次に、集計するセルをドラッグして選択し（ここでは「2E」～「6E」）❹、[Enter] キー（Mac：[return] キー）を押すと計算結果が表示されます。

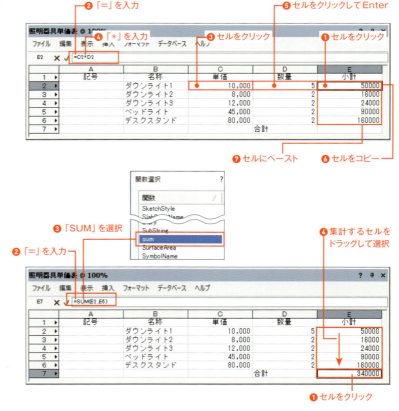

9 小計と合計の数字に「¥」マークを設定します。E列から金額を入力したセルを選択し、「フォーマット」メニューから「セルの設定」を選択します。「数字」タブで「小数点」を選択し、「小数点以下」を「0」、「カンマを使う」にチェック、「前記号」に「¥」を入力して「OK」をクリックします。

イメージ関数の設定（Designer/Architect）

1 「A列」の記号のセルに、シンボルのサムネイルを表示するようにイメージの設定を行います。セルを選択し「挿入」メニューから「イメージ関数」を選択します。

2 そのまま「挿入」メニューから「検索条件設定」を選択し、数量の検索設定と同様に該当するシンボルを選択します。シンボルのサムネイルが表示されます。

3 シンボルのサムネイル表示の大きさを調整します。「フォーマット」メニューから「セルの設定」の「イメージ」タブを選択し、大きさを設定します。ここでは「サイズ」の「固定」を選択し、「単位」を「ポイント」、「高さ」と「幅」を「12」にしています。

セルのサイズ設定

1 セルの幅や高さの調整は、セルとセルの間にカーソルを合わせてドラッグするか、「フォーマット」メニューから「セル幅」か「セルの高さ」に数値を入れて設定します。

セルの統合

1 セルを結合することができます。対象のセルを選択し、右クリックして「セルの設定」を選択します。

> 💡 **HINT**
>
> いくつかのコマンドは、右クリックして表示されるコンテキストメニューから選択することができます。

2 「文字の配列」タブの「セルを統合」にチェックを入れます。

枠線と模様の設定

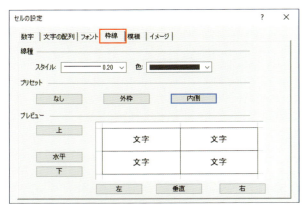 

1 「セルの設定」ダイアログの「枠線」タブで線のスタイル、色、枠線の入れ方を設定することができます。「模様」タブではセルに色や模様などのスタイルを設定することができます。

> 💡 **HINT**
>
> **枠線について**
>
> ワークシートは、枠線設定をしなくてもすべてのセルに自動的に枠線が表示される設定になっています。特定のセルにだけ設定した枠線を表示したい場合は、「表示」メニューの「枠線」のチェックをはずします。

240

ワークシートの配置

1 ワークシートが完成したら右上の「閉じる」をクリックしてウインドウを閉じます。

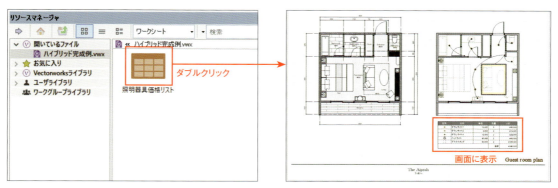

2 リソースマネージャに登録されたワークシートのサムネイルをダブルクリックするとシートレイヤ上に配置されます。ワークシートを移動してレイアウトを整えます。

> 💡 **HINT**
> ワークシートはアクティブレイヤに表示されるため、デザインレイヤをアクティブにした場合は、そのレイヤ上に配置されます。

> 💡 **HINT**
> バージョン2018では、配置したワークシートをドラッグしてサイズ変更することができます。

記号の配置（Fundamental の場合）

1 記号の部分にシンボル図形を加工して配置します。シンボルを用紙の外側に配置します。シートレイヤは縮尺がないため、原寸で表示されます。

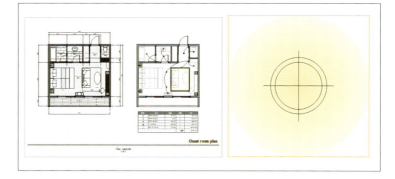

2 シンボルを「グループに変換」します。ダイアログが表示された場合はそのまま「OK」をクリックします。

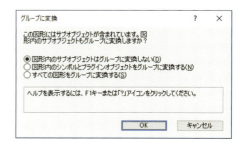

> 💡 **HINT**
> ショートカット
> 「グループに変換」：[Ctrl]（Mac：[⌘]）+ [K] キー

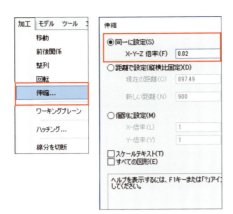
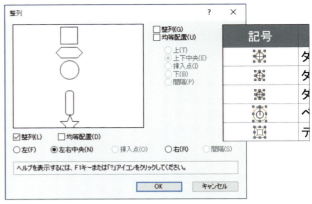

3 「加工」メニューから「伸縮」を選択します。「同一に設定」の「X-Y-Z 倍率」に数値を入れて「OK」をクリックします（ここでは 0.02 に設定しています）。

4 枠のサイズに合う大きさに調整し、「整列」などを使って配置を整えます。

> ⚠ CAUTION
>
> シンボル図形を利用する時は必ず「グループに変換」し、シンボルを解除します。シンボルのままだと拾い出しの数に追加されてしまうので注意しましょう。

COLUMN

文字スタイル

タイトルや説明文など、決まったスタイルやよく使うスタイルなどがある場合、「文字スタイル」として登録しておくと便利です。

リソースマネージャの「新規文字スタイル」❶をクリックして「文字スタイルの作成」ダイアログ❷を開き、スタイルごとにフォントやサイズなど各項目を設定します。

登録したスタイルはデータパレットの「文字スタイル」❸から選択して適用することができます。

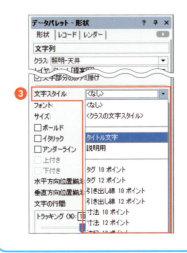

鳥瞰図とインテリアパースの配置

鳥瞰図とインテリアパースをレイアウトした提案書を作ってみましょう。

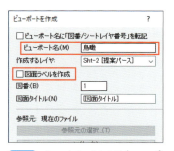

1 新規にシートレイヤを作成します。ここではシートレイヤタイトルを「提案パース」にしています。

2 シートレイヤにビューポートを取り込みます。「ビュー」メニューから「ビューポートを作成」を選択します。「ビューポートを作成」に「ビューポート名」を入力し、「図面ラベルを作成」のチェックをはずします。

レイヤ設定

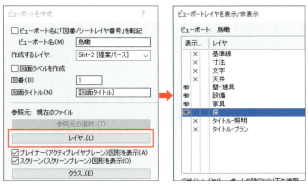
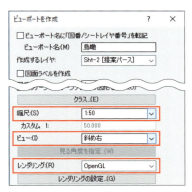

1 「レイヤ」をクリックして「ビューポートレイヤを表示/非表示」からビューポートに表示するレイヤを選択して「OK」をクリックします。

2 「縮尺」を「1:50」、「ビュー」を「斜め右」、「レンダリング」を「OpenGL」にして「OK」をクリックします

3 シートレイヤに鳥瞰のビューポートが表示されます。

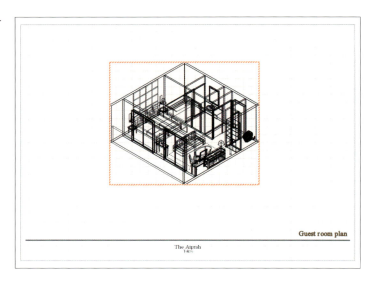

4 ビューポートにレンダリング設定がされている場合、赤い枠で表示されます。「データパレット」の「更新」をクリックするとレンダリング後の表示になります。

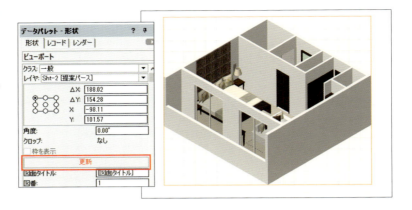

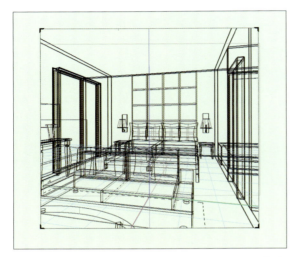

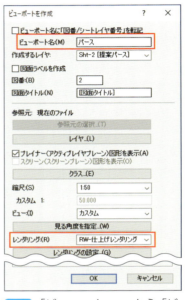

5 インテリアパースのビューポートを作成する場合は、デザインレイヤでパースのアングルを画面に表示しておきます。

> 🔍 REFERENCE
> アングルの取り方はChapter4の「3-1 視点の設定」を参照してください。

6 「ビュー」メニューから「ビューポートを作成」を選択し、ビューポート名を入力し、レンダリングを「RW-仕上げレンダリング」にして「OK」をクリックします。

7 パースが取り込まれます。パースの大きさを変更する場合は、データパレットの「縮尺」を「カスタム」にして適当な縮尺を入力します（ここでは1：80としています）。

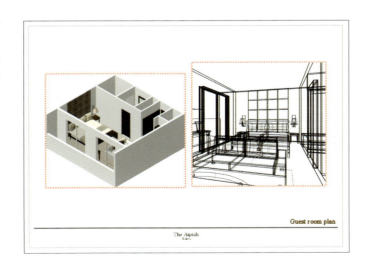

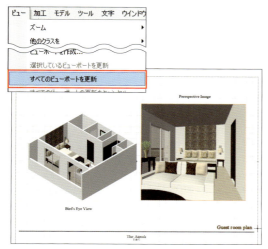

HINT

レンダリング設定をしているビューポートはファイルの切替えに伴い更新作業が必要になります。「ファイル」メニューの「書類設定」→「ファイル設定」の「画面」タブにある「ビューポートキャッシュを保存」にチェックを入れると、更新された状態が保てますが、ファイルが大きくなるため状況に合わせて設定します。

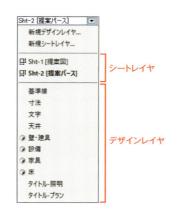

8 「ビュー」メニューから「すべてのビューポートを更新」を選択します。パースのレンダリングが始まり、完了するまで待ちます。

9 シートレイヤとデザインレイヤの切替えは、レイヤリストから選択して行います。

3-2 家具三面図の作成

三面図の完成例

3Dで作成した家具のモデルからビューポートを使って三面図に展開することができます。

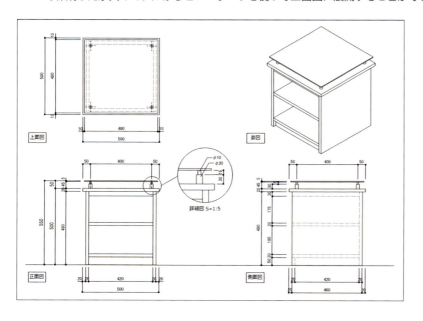

REFERENCE

サンプルファイル：

16_C3_家具三面図完成.vwx

※ 12_C3_収納家具完成.vwxファイルを使って練習することができます。

シートレイヤの作成

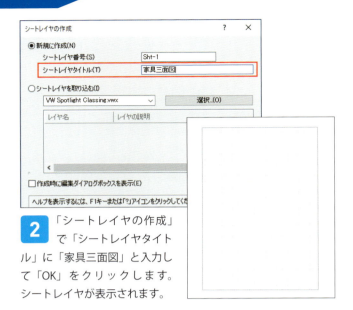

1 デザインレイヤには縮尺1/10でモデリングした収納家具があります。シートレイヤを新規で作成します。ここでは表示バーの「新規シートレイヤ」を選択します。

2 「シートレイヤの作成」で「シートレイヤタイトル」に「家具三面図」と入力して「OK」をクリックします。シートレイヤが表示されます。

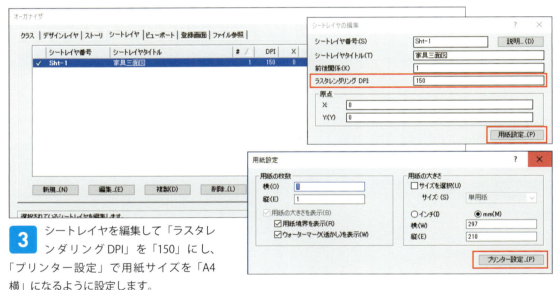

3 シートレイヤを編集して「ラスタレンダリングDPI」を「150」にし、「プリンター設定」で用紙サイズを「A4横」になるように設定します。

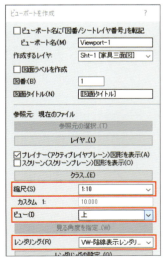

4 1つ目のビューポートを作成します。
「ビュー」メニューから「ビューポートを作成」を選択します。
モデルのある「レイヤ-1」を表示設定にし、「縮尺」を「1:10」、「ビュー」を「上」、「レンダリング」を「VW-陰線表示レンダリング」にして「OK」をクリックします。

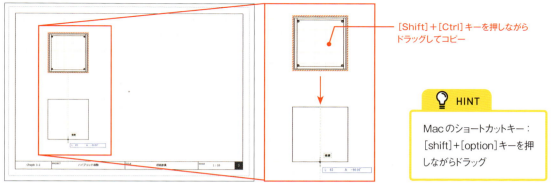

5 ビューポートが表示されます。これは上面図となります。[Shift]＋[Ctrl]キーを押しながら、そのまま真下にビューポートをコピーします。

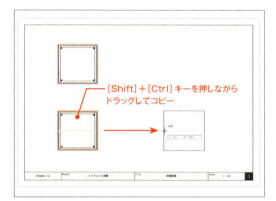

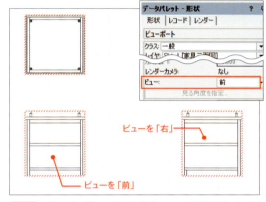

6 同様に右側にもビューポートをコピーします。

7 データパレットで「ビュー」を変更します。正面図は「前」、側面図は「右」にします。

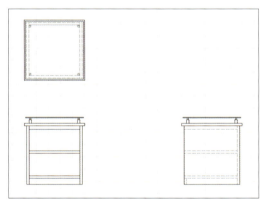

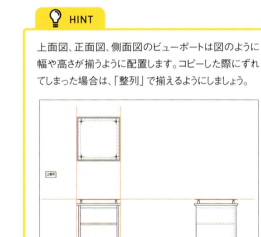

8 「すべてのビューポートを更新」します。中の棚は隠れ線（破線）で表示されます。

HINT

上面図、正面図、側面図のビューポートは図のように幅や高さが揃うように配置します。コピーした際にずれてしまった場合は、「整列」で揃えるようにしましょう。

寸法の入力

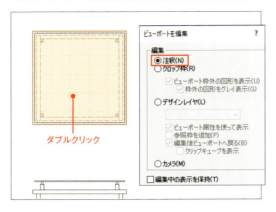
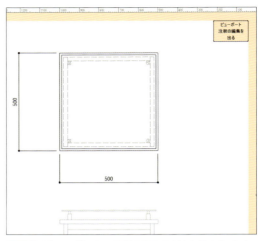

1 寸法はビューポートの編集画面で入力します。「ビューポート」をダブルクリックして「ビューポートを編集」で「注釈」を選択して「OK」をクリックします。

2 ビューポートの編集画面で寸法を入力します。

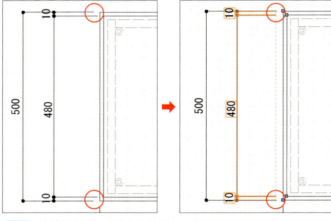

3 寸法線の長さを揃えるには、データパレットの「オフセット」の数値を同じにして作成します。

4 寸法を正確に測るためには、図形の稜線や頂点をスナップして測ります。ただし、寸法線の長さが揃わない場合があります。その時は、データパレットの「長さ調整」を「カスタム長さ（単一）」に設定し、「長さ」に数値を入力して揃えます。

5 それぞれの寸法線も揃えるようにしましょう。

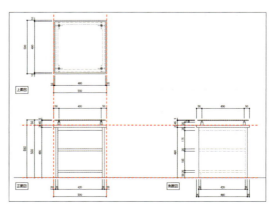

詳細図の作成

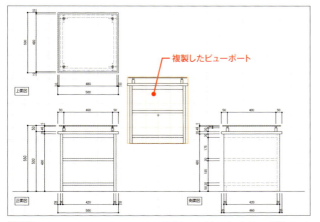
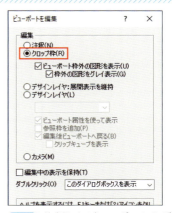

1. 正面図のシートレイヤを複製し、縮尺を変えて詳細図を作成します。複製したビューポートの寸法を「注釈」の編集で削除しておきます。

2. 複製したビューポートをダブルクリックして「ビューポートを編集」の「クロップ枠」を選択して「OK」をクリックします。

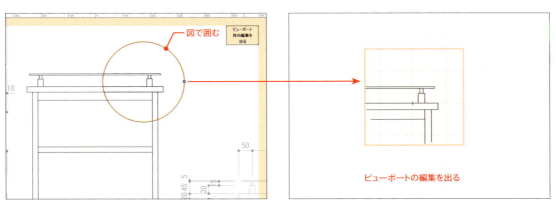

3. 詳細図として使用する範囲を図形で囲みます。「ビューポート枠の編集を出る」と枠で囲まれた範囲内の図形のみ表示されます。

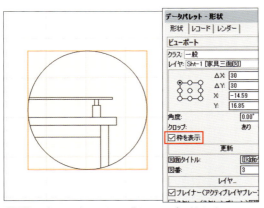
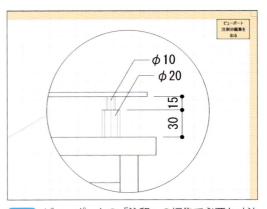

4. データパレットの「クロップ：枠を表示」にチェックを入れると枠が表示されます。

5. ビューポートの「注釈」の編集で必要な寸法線や引き出し線を入力します。

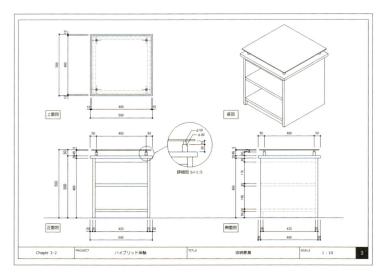

6 「姿図」はビューポートを複製し、ビューを「斜め右」、レンダリングを「VW-陰線消去レンダリング」に設定しています。

COLUMN

投影図ビューポート（Designer、Architect版）

Designer、Architect版では、投影図ビューポートを使って家具三面図を作成することができます。

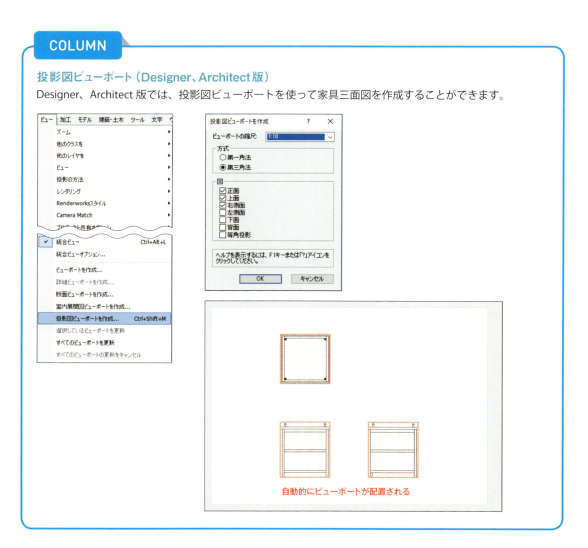

3-3 展開図の作成

室内展開図ビューポート（Designer、Architect 版）

Designer、Architect 版では、3D モデルから室内展開図を作成することができるようになりました。ここでは、設定の流れとポイントを説明します。

> 🔍 REFERENCE
> サンプルファイル：17_C3_展開図完成.vwx

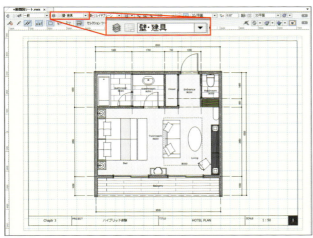
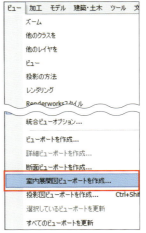

1 アクティブレイヤを壁ツールで作成した壁があるレイヤにし、「ビュー」メニューから「室内展開図ビューポートを作成」を選択します。

2 展開する部屋の上で2回クリックします。

> 💡 HINT
> 展開方向を回転させる場合は、1回目のクリックで位置を指定し、回転してから2回目のクリックで確定します。

> 💡 HINT
> Ver2017 の Designer、Architect 版では「断面ビューポート」を使用します。展開方向となる断面をそれぞれ設定して作成することができます。

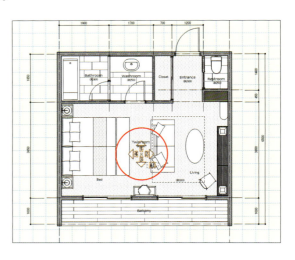

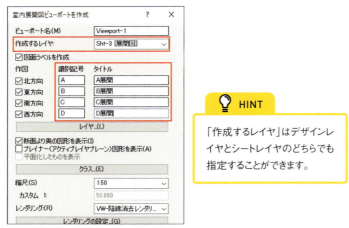 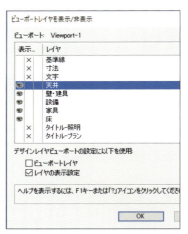

3 「室内展開図ビューポートを作成」の「作成するレイヤ」に「sht-3［展開図］」を指定し、「図面ラベルを作成」にチェックを入れ、「識別記号」「タイトル」を入力すると、ビューポートごとにラベルが設定されます。

HINT
「作成するレイヤ」はデザインレイヤとシートレイヤのどちらでも指定することができます。

4 「レイヤ」や「クラス」をクリックし、必要に合わせて表示／非表示を設定します。

5 「室内展開図ビューポートを作成」ダイアログの「OK」をクリックすると指定したレイヤに展開図のビューポートが表示されます。レンダリングが「VW-陰線消去レンダリング」に設定されているため、レンダリング計算が終わるまで待ちます。

6 ビューポートを選択した際にデータパレットの「室内展開図を表示」をクリックすると平面図が表示されます。

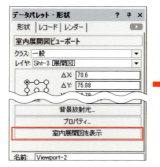 

展開図の調整

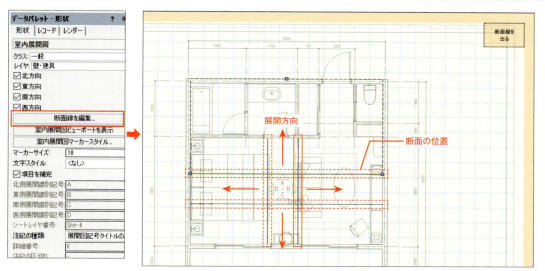

1 平面図にある展開図記号を選択した際のデータパレットにある「断面線を編集」で、断面の位置を調整することができます。

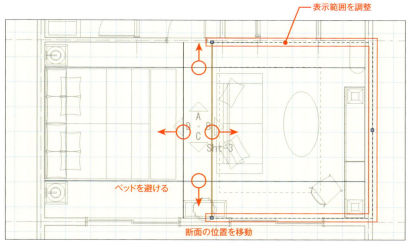

2 図のように、ベッドやソファを避けるような断面位置に変更してみます。展開図に表示させる範囲（破線部分）は壁面が表示されるように壁の内側に設定します。終了後、「断面線を出る」ボタンをクリックします。

3 データパレットの「室内展開図ビューポートを表示」ボタンをクリックすると、展開図に切替わります。ベッドを避けた設定にしたため、展開図にベッドの側面が表示されなくなりました。

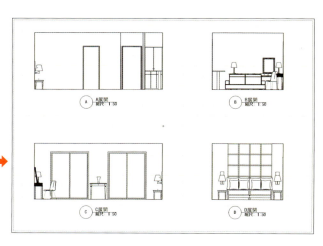

マーカースタイルの変更

1 「室内展開図マーカースタイル」をクリックすると「マーカー設定」で展開図のマークを変更することができます。

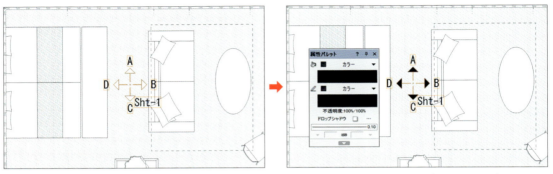

2 図は展開図のマーカースタイルを切替え、属性パレットの面の属性を黒にして設定したものです。

投影の方法

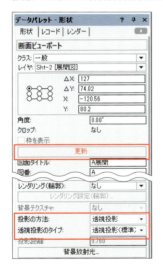

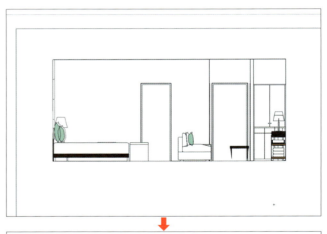

1 ビューポートの表示を透視投影に切替えることができます。データパレットの「投影の方法」を「透視投影」にし、「透視投影のタイプ」を「透視投影（標準）」に設定し、「更新」をクリックします。

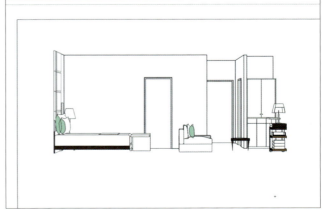

Chapter 04

Vectorworksの
パースを極める！

SECTION 01 ### 複雑な形状のモデリング
1-1　NURBSについて
1-2　サブディビジョンサーフェス

SECTION 02 ### テクスチャの応用
2-1　オリジナルテクスチャの作成
2-2　テクスチャ設定
2-3　添景と背景

SECTION 03 ### レンダリング
3-1　視点の設定
3-2　光源設定
3-3　ファイルの取り出し

SECTION 01 複雑な形状のモデリング

Vectorworks での 3 次曲面のモデリングにチャレンジしてみましょう。少し難しい領域になりますが、仕組みがわかればチャレンジもしやすくなります。

作例完成イメージ

NURBS 曲線、NURBS 曲面で作成したチェア

サブディビジョンサーフェスで作成したソファ

　一体成型のチェアや丸みのあるソファなど、ここでは曲面の多いモデリング方法を紹介します。Vectorworks は汎用 CAD として、工業製品のモデリングに使用される「NURBS」でのモデリングが可能です。また、Ver.2015 から「サブディビジョンサーフェス」が新しく搭載され、自由な形状が作りやすくなりました。ここでは NURBS の基本的な扱い方やツールの使い方、サブディビジョンサーフェスの編集方法をわかりやすく解説します。

1-1　NURBSについて

NURBS曲線とNURBS曲面

　一体成型の椅子など、曲面のモデルを作成する時「NURBS」を使用します。NURBSとは「Non-Uniform Rational B-Spline」の略で、3D空間で曲線及び曲面を幾何学的に表現するための数式です。柔軟性と正確性を持ち合わせており、工業デザインなどの分野で複雑な形状の表現手段として利用されています。NURBS曲線を組み合わせて複雑な曲面を作成したり、NURBS曲面の頂点を編集して形状を作成します。

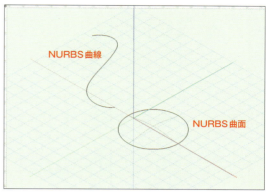

NURBS曲線

NURBS曲線ツール

　ツールセットの「3D」の「NURBS曲線」で作成することができます。頂点の位置を数値入力して作成しますが、扱いに慣れていないとこのツールだけで形状を作るのは難しく感じます。

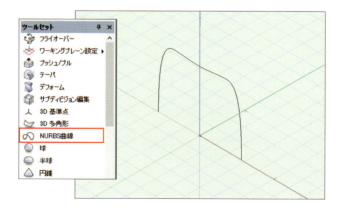

● モードによる違いについて

「補間点」モードはクリックした点が頂点となり、頂点を通過するように曲線が生成されます。「制御点」モードはクリックした頂点が重み付けされた制御点となり、その影響を受けた曲線が生成されます。

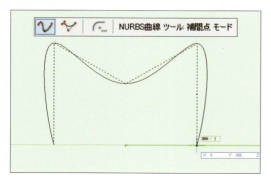

「補間点」モード

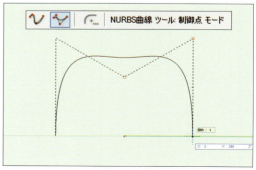

「制御点」モード

「次数設定」は曲線に影響を与える点の数を設定するもので、次数を増やすと、それに比例して頂点の数も増え、滑らかさが増しますが、その分編集が複雑になります。次数は描画する図形の頂点の数よりも多く設定することはできません。

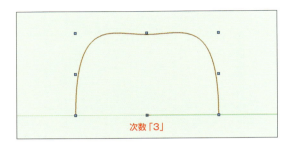

次数「3」

次数「4」

「NURBS に変換」

2Dで作図した形状をNURBS曲面に変換して作成することができます。NURBS曲線ツールよりも基本形状が作りやすくなります。

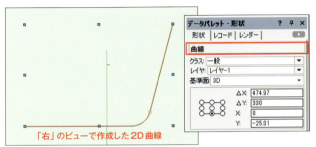
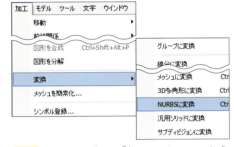

1 図は「右」のビューで作成した曲線です。

2 図形を選択し「加工」メニューから「変換」の「NURBSに変換」を選択します。

3 データパレットを確認すると「NURBS曲線」になっています。図はビューを「斜め右」にして確認したものです。

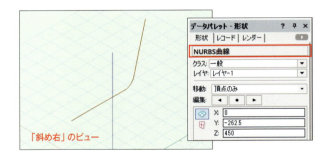

NURBS 曲線の変形

NURBS曲線は基本セットの変形ツールで編集することができます。

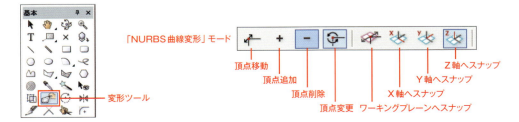

頂点移動は NURBS 曲線の頂点を X、Y、Z 軸に沿わせて移動することができます。

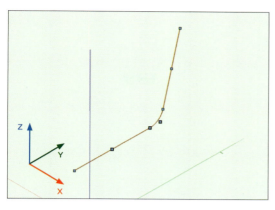

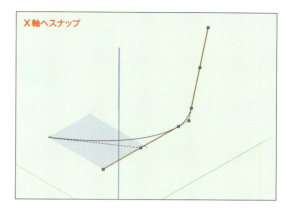

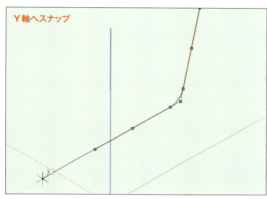

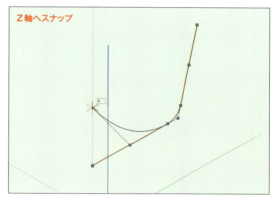

「頂点変更」では頂点を角の頂点または曲線上の頂点に切替えることができます。

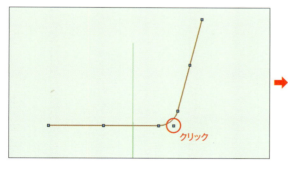

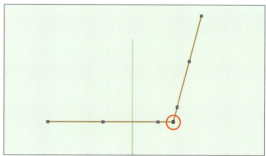

多段曲面ツール

　ツールセットの「3D」の多段曲面ツールは複数の NURBS 曲線をつないで複雑な曲面を作成することができます。設定には「軸なし」モード、「1軸」モード、「2軸」モードの3種類があります。

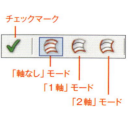

図のように2つのNURBS曲線をつなぎ合わせて椅子の曲面のモデルを作成します。

> 💡 **HINT**
> 図は「マルチビューウインドウ」で表示したものです。

> 🔍 **REFERENCE**
> サンプルファイル：01_C4_多段曲面軸なし練習.vwx

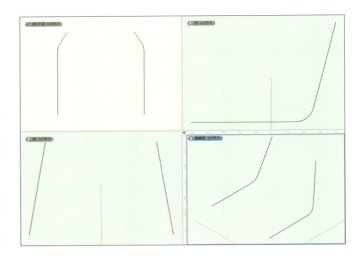

「軸なし」モード」

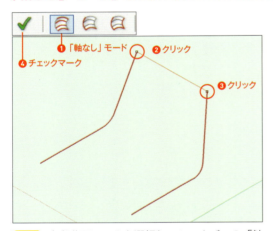

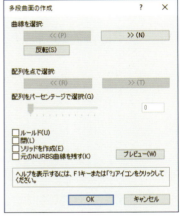

1 多段曲面ツールを選択し、ツールバーの「軸なし」モードを選択します❶。NURBS曲線を順番にクリックし❷❸、[Enter]キーを押すか、ツールバーのチェックマークボタンをクリックします❹。

2 「多段曲面の作成」ダイアログが開きます。そのまま「OK」をクリックします。

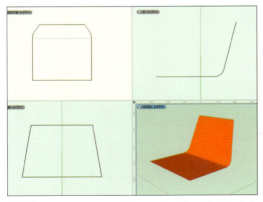

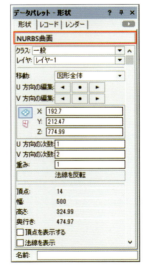

3 2つのNURBS曲線をつなげた形状ができました。図形タイプはNURBS曲面です。

260

「軸なし」モードでは、2つ以上のNURBS曲線をつなぎ合わせて多段曲面を作成することができます。先ほどの2つのNURBS曲線の間に別の形のNURBS曲線を加え、NURBS曲線の並び順に選択します。

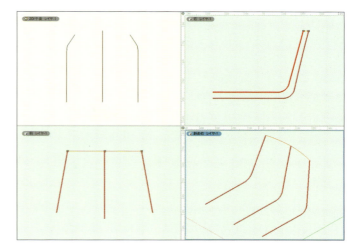

> 💡 **HINT**
> レイヤを「NURBS3本」に切替えて操作できます。

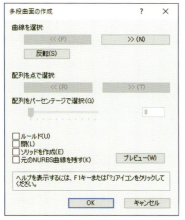
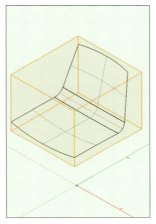

5 「多段曲面の作成」ダイアログの項目を何も設定しなかった場合、完成した形状はNURBS曲面で構成されたグループ図形ででき上がります。

6 図はグループの編集画面で分割されているNURBS曲面を確認したものです。

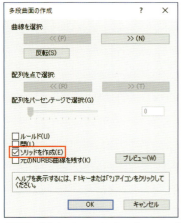
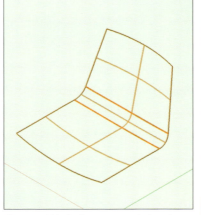
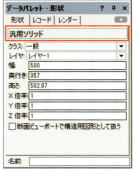

 「多段曲面の作成」ダイアログの「ソリッドを作成」にチェックを入れると形状は一体で作成され、モデルタイプは「汎用ソリッド」になります。

> 💡 **HINT**
> 「ソリッドモデル」とは、柱状体のように中身の詰まった、体積を持つモデルのことを言います。

Chapter 4 Vectorworksのパースを極める！

「1軸」モード

「1軸」モードでは1つのNURBS曲線の軸と1つ以上のNURBS曲線の断面を使用して多段曲面を作成します。図は左右のNURBS曲線をつなぐ図形を軸として作成します。

> 🔍 **REFERENCE**
>
> サンプルファイル：02_C4_多段曲面1軸2軸練習.vwx

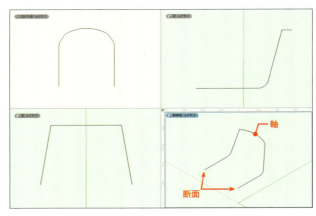

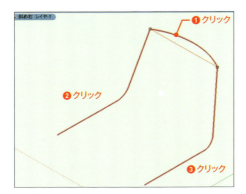

1. 多段曲面の「1軸」モードを選択し、軸となるNURBS曲線をクリック❶、1つ目の断面をクリック❷、2つ目の断面をクリック❸して[Enter]キーを押すか、ツールバーのチェックマークボタン☑をクリックします。

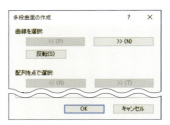

2. 表示されたダイアログの「OK」をクリックします。

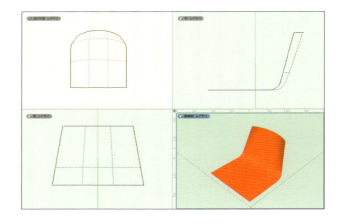

3. 右図のような形状ができ、モデルタイプはNURBS曲面になります。

「2軸」モード

「2軸」モードでは2つの軸となるNURBS曲線と1つの断面となるNURBS曲線を使用して多段曲面を作成します。「1軸」モードで作成した曲線と同じもので作成してみます。

> 💡 **HINT**
>
> レイヤを「2軸」モードに切替えて操作できます。

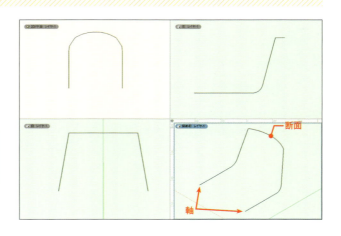

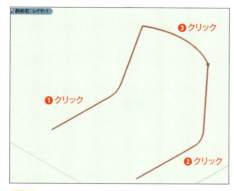
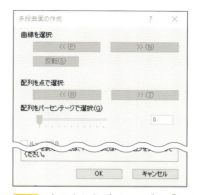

1 多段曲面の「2軸」モードを選択し、軸となる左右のNURBS曲線を順番にクリックします❶❷。次に断面のNURBS曲線をクリックして❸［Enter］キーを押すか、ツールバーのチェックマークボタン☑をクリックします。

2 表示されたダイアログで「OK」をクリックします。

3 図のような形状ができました。形は少々いびつですが、「1軸」モードに比べると中央に窪みができています。

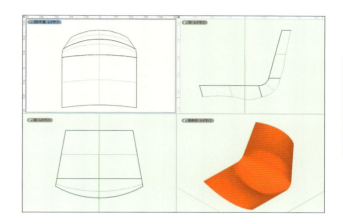

NURBSの再構築

多段曲面で使用するNURBS曲線の「頂点数」の数が多いほど滑らかな曲面ができ上がります。図は左右のNURBS曲線の頂点は「7」で、もう1つのNURBS図形は「4」になっています。頂点の数はデータパレットで確認することができます。

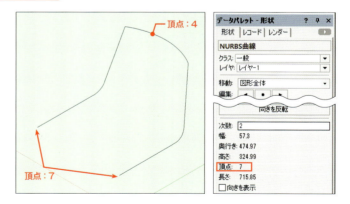

1 NURBS曲線の頂点数を7の倍の「14」に変更します。すべてのNURBS曲線を選択し「モデル」メニューから「3D Power Pack」の「NURBSの再構築」を選択します。

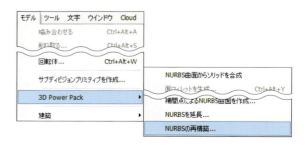

2 「NURBS の再構築」ダイアログの頂点数を「14」にして「OK」をクリックします。NURBS 曲線がグループ化されるので、グループ解除（ショートカット［Ctrl］（Mac：［⌘］）＋［U］キー）します。

> 💡 **HINT**
> レイヤを「2 軸」モード（NURBS 再構築）に切替えて操作できます。

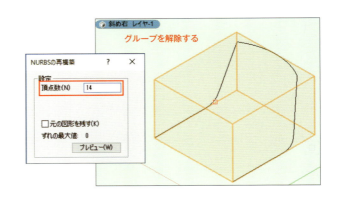

3 多段曲面の「2 軸」モードで作成した結果です。曲面が滑らかになり、また、一体の NURBS 曲面になりました。

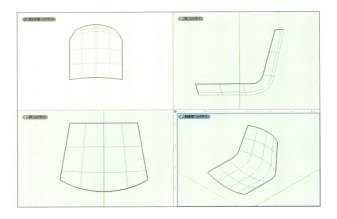

NURBS 曲面の作成

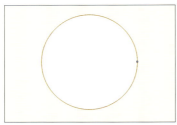

1 2D 図形から NURBS 曲面に変換することができます。図は円を作成し「モデル」メニューから「3D Power Pack」の「曲線から NURBS 曲面を生成」を選択して NURBS 曲面に変換しています。

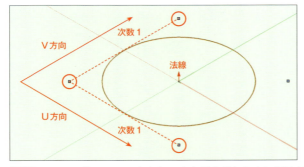
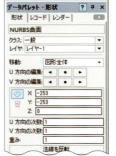

2 NURBS 曲面は、U 方向と V 方向が交差した点に重み付けされた制御点（頂点）を持つメッシュ形状の曲面です。データパレットの「頂点を表示する」にチェックを入れるとすべての頂点が表示されます。図は次数が「1」の場合の頂点表示で、次数はデータパレットで変更します。また「法線を表示」にチェックを入れるとで方向を表示することができます。

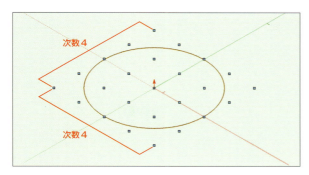  

3 図は「次数」をそれぞれ「4」に変更したものです。頂点の数が増え、編集する点が増えたことにより、複雑な曲面を作成することができます。

NURBS 曲面の変形

基本ツールの変形ツールで NURBS 曲面の頂点を個別に X、Y、Z 軸に合わせて移動したり、U 方向全体や V 方向全体を移動して変形することができます。

図は「頂点を移動」の「Z 軸へスナップ」モードを選択し、円の中心の頂点を上にドラッグして移動したものです。数値入力する場合は [Tab] キーを押してデータバーフィールドに直接入力します。

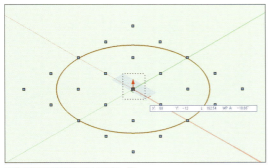 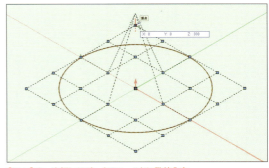

中心の頂点を選択して上にドラッグ　　　　　　　　　　[Tab] キーを押してデータフィールドに数値入力

中央に膨らみのある曲面ができました。移動する頂点の範囲を変更して形状を作成します。

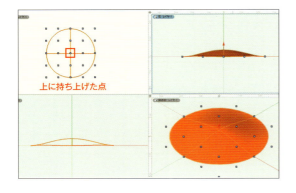 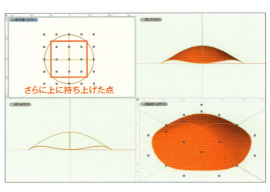

軸と曲線から NURBS 曲面を生成

軸に沿って断面形状を回転させることにより、NURBS 曲面を作成することができます。「軸」と「断面」と「ガイド（軌道）」になる NURBS 曲線を作成します。

> **REFERENCE**
> サンプルファイル：03_C4_軸と曲線練習.vwx

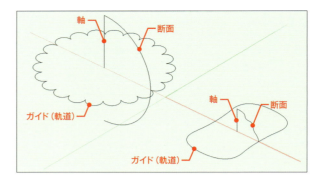

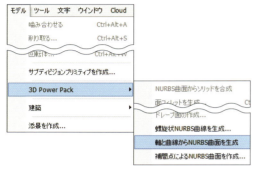

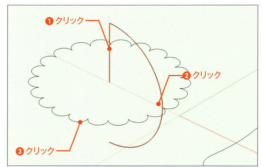

1 「モデル」メニューから「3D Power Pack」の「軸と曲線から NURBS 曲面を生成」を選択します。

2 「軸」❶→「断面」❷→「ガイド（軌道）」❸の順番でクリックします。

3 NURBS 曲面ができました。図は OpenGL でレンダリングした結果です。左側は NURBS 曲面のグループ図形になっています。

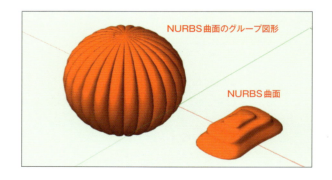

NURBS 曲面からソリッドを合成

1 NURBS 曲面からソリッドモデルに合成することができます。グループの編集画面に入り「モデル」メニューから「3D Power Pack」の「NURBS 曲面からソリッドを合成」を選択します。

2 ソリッドモデルになりました。

NURBS曲面に厚みを付ける

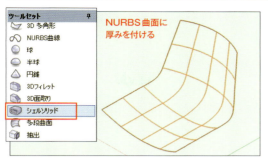
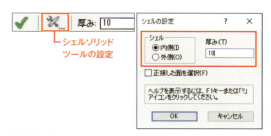

1. ツールセットの「3D」の「シェルソリッド」でNURBS曲面に厚みを付けることができます。

2. 「シェルソリッドツール設定」をクリックし、「シェルの設定」ダイアログから厚みを付ける方向をシェルの内側／外側から選択し、厚みを設定します（ここではシェルの「内側」に「10」の厚みを設定します）。

> **REFERENCE**
> サンプルファイル：04_C4_曲面に厚みをつける練習.vwx

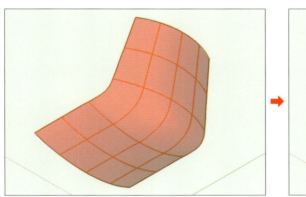
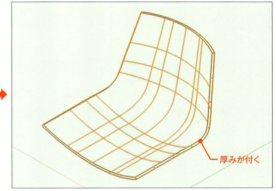

3. モデルを選択し［Enter］キーを押すか、ツールバーのチェックマークボタンをクリックします。モデルに厚みが付きました。

3Dフィレットツール

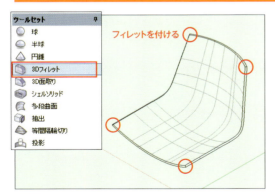

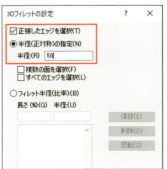

1. ツールセットの「3D」の「3Dフィレット」でモデルのコーナーにフィレットを付けて丸みのある形にすることができます。

2. 「3Dフィレットツール設定」をクリックし、「正接したエッジを選択」にチェックを入れ、半径にフィレット半径を設定します（ここでは「半径」を「50」にしています）。

267

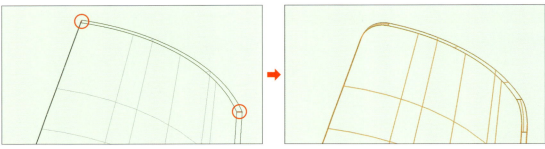

3 上部のコーナーを［Shift］キーを押したままで両方選択して、［Enter］キーを押すか、ツールバーのチェックマークボタンをクリックします。

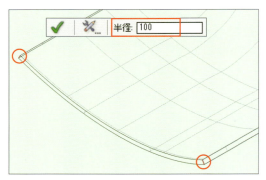

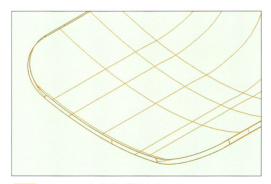

4 下の部分のコーナーは「半径」を「100」に変更してフィレットを設定します。

5 コーナーに丸みが付きました。

6 図は「RW-仕上げレンダリング」で確認しています。

> **REFERENCE**
>
> サンプルファイル：05_C4_曲面に厚みをつける完成.vwx

作例：スツール

図のようなスツールを多段曲面で作成する場合のポイントを解説します。

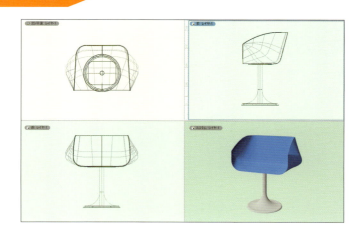

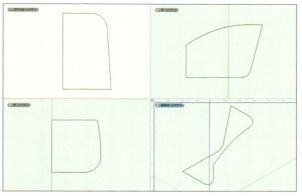

1 左右対称に仕上がるように半分だけ NURBS 曲線を作成します。

🔍 **REFERENCE**

サンプルファイル：06_C4_スツール作成練習.vwx

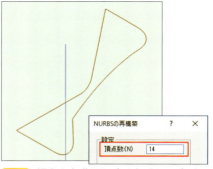

2 滑らかな曲面にするために、すべての曲線を選択して「モデル」メニューから「3D Power Pack」の「NURBS の再構築」を選択、NURBS 曲線の「頂点数」を多くします（ここでは 2 倍の「14」にしています）。

3 グループを解除してから多段曲面の「2 軸」モードで作成します。選択する順番に注意しながら図の番号順にクリックします。

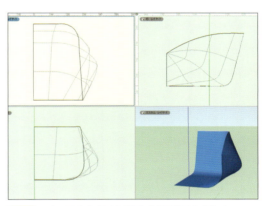

4 ベースとなる NURBS 曲面ができました。

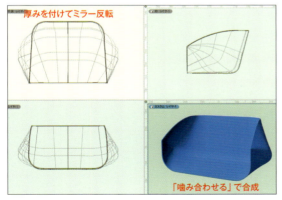

5 「シェルソリッド」で厚みを付け、でき上がったモデルをミラー反転し、「モデル」メニューの「噛み合わせる」で合成します。

💡 **HINT**

ここでは「シェルソリッド」の厚みを「外側」に「5」で作成しています。

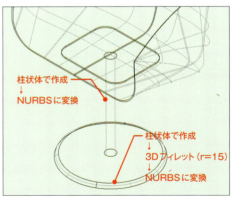

6 脚の部分は NURBS 曲面から「面フィレット」を作成します。ベースは柱状体で作成し、3D フィレット（半径を 15）を設定してから NURBS に変換しています。支柱も柱状体で作成後、NURBS に変換しています。

🔍 **REFERENCE**

サンプルファイル：07_C4_スツール脚作成練習.vwx

Chapter 4 Vectorworks のパースを極める！

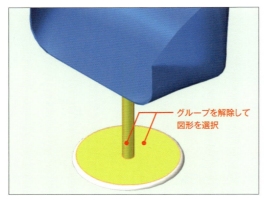

7 NURBSのグループを解除し、面を選択しやすいようにOpenGLでレンダリングします。支柱とベースの上面に当たるモデルを両方選択します。

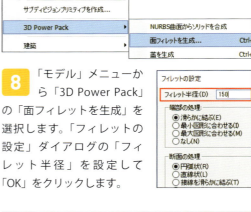

8 「モデル」メニューから「3D Power Pack」の「面フィレットを生成」を選択します。「フィレットの設定」ダイアログの「フィレット半径」を設定して「OK」をクリックします。

9 面フィレットが生成されました。

> 🔍 **REFERENCE**
>
> サンプルファイル：08_C4_スツール完成.vwx

完成したチェア

1-2 サブディビジョンサーフェス

サブディビジョンサーフェスの作成

　サブディビジョンサーフェスとは、ケージメッシュ（頂点、辺、面が集合してできた多面体のモデル）を規則的に分割することで得られる曲面で、滑らかな曲面表現と自由度の高い面の編集が可能なモデルです。

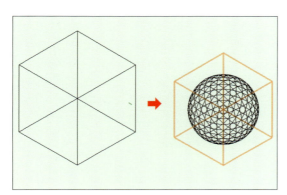
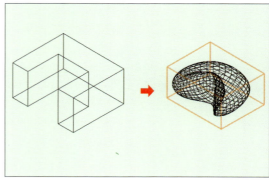

サブディビジョンプリミティブを作成

サブディビジョンオブジェクトの作成方法は「モデル」メニューから「サブディビジョンプリミティブを作成」を選択し、ダイアログのサブディビジョンプリミティブのリストから形状を選択します。

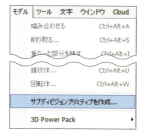
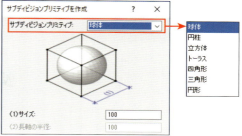

サブディビジョンに変換

メッシュ図形、柱状体などのソリッド図形、2D多角形、3D多角形を、サブディビジョン図形に変換することができます。

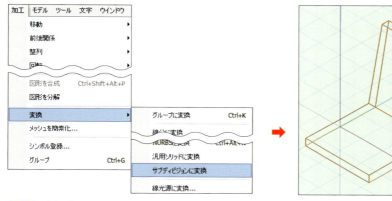

1 変換方法は、図形を選択し「加工」メニューから「変換」の「サブディビジョンに変換」を選択します。確認ダイアログの「はい」をクリックして変換します。円柱や球など、平面を持たないソリッド図形は、先にメッシュに変換してから、サブディビジョン図形に変換します。

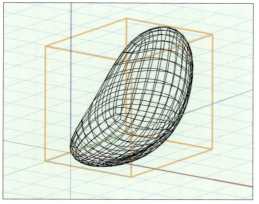
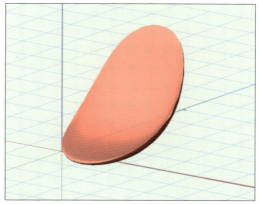

2 変換したモデルです。右図は OpenGL レンダリングしたものです。

サブディビジョン編集

サブディビジョンオブジェクトの編集は、ツールセットの「サブディビジョン編集」で行います。モード別の編集方法を解説します。

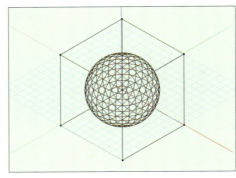

「変形」モード

ゲージメッシュの面や辺や頂点を選択すると表示する3Dドラッガーを操作して変形します。

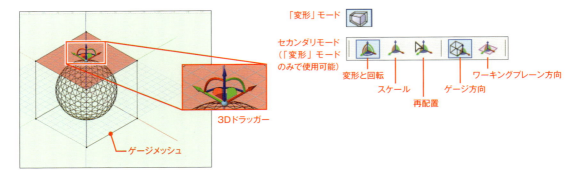

3Dドラッガーの各コントローラを移動したり回転させたりして操作します。選択した場所は黄色く表示されます。

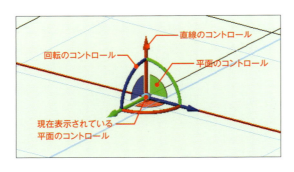
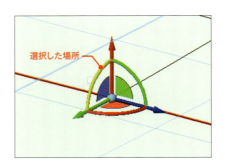

図は面、辺、頂点をそれぞれ選択して移動した結果です。変形したい形状に合わせて選択場所を切替えます。

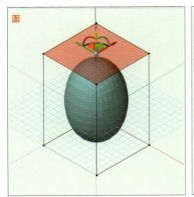
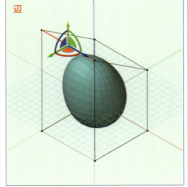
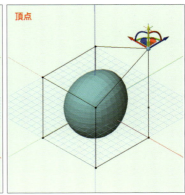

「折り目」モード

ケージメッシュの面、辺、または頂点をクリックすると編集され、シャープな形状と滑らかな形状を作成します。

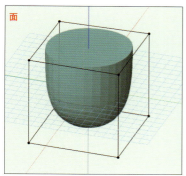
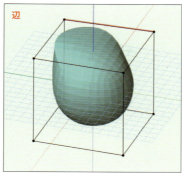
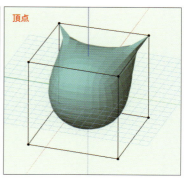

「押し出し」モード

ケージメッシュの面を押し出すか、またはサブディビジョン図形の開いた辺を延長します。押し出す距離に応じて変形します。

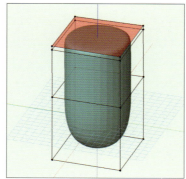
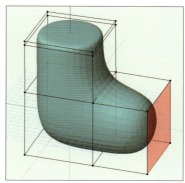

「分割」モード

面を選択した場合は面が5分割されます。ドラッグして分割の領域を調整します。

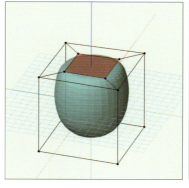
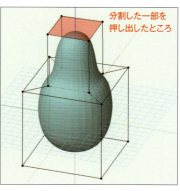

また、辺をクリックすると選択した辺の交差方向にモデルが分割されます。

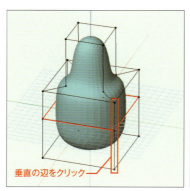
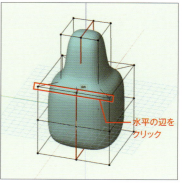

「面-穴」モード

[Delete] キーで面を削除した場合とは異なり、図形の面に穴をあけることができます。

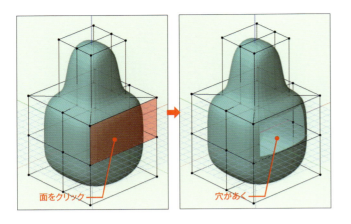
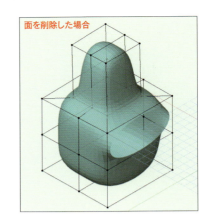

「ブリッジ」モード

開いた2つの辺を結合します。モードは「連結」モードと「結合」モードがあります。[Delete] キーで削除した辺がブリッジの対象になり「面-穴」モードで穴をあけたときの辺では実行できません。

また、同一図形での連結になるため、複数の異なる図形を連結するには、「加工」メニューから「図形を合成」コマンドを使用して、1つのサブディビジョン図形に結合してから「ブリッジ」モードを使用します。

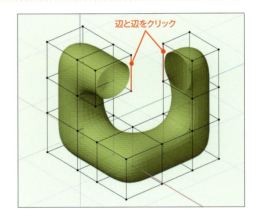

「連結」モードは、新しいケージメッシュの面が追加され、選択した2つの開いた辺のみを連結します。

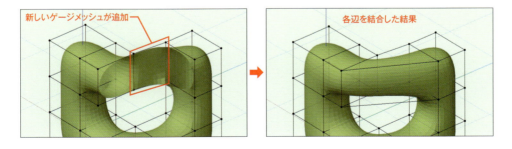

「結合」モードは、最初にクリックした辺が延長して2番目にクリックした辺に結合されます。

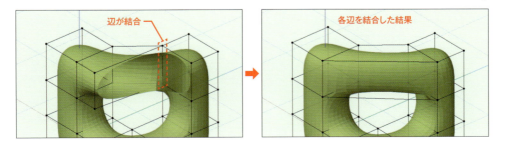

🔲「クローズ」モード

［Delete］キーで削除して開いた辺をクリックします。新しいケージメッシュの面を作成して、開いた辺で囲まれた穴を閉じます。

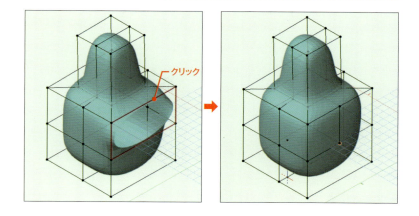

🔲「辺 - 追加」モード

辺を追加したい部分をクリックします。既存のケージメッシュの面を分割します。

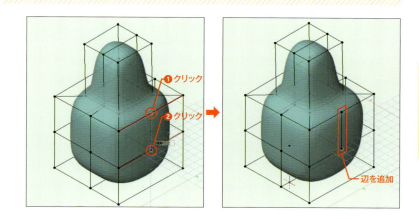

🔲「辺 - 削除」モード

削除したい辺をクリックし、隣接する面を1つに統合します。

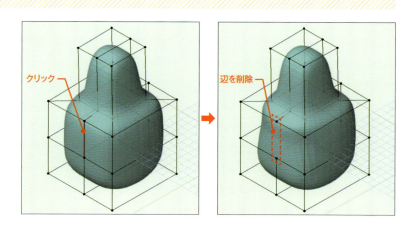

「ミラーモデリング」モード

図形の半分をモデリングし、その半分を基準平面に沿ってミラー反転することで、正対称の図形を作成できます。

> **REFERENCE**
>
> サンプルファイル：09_C4_サブディビミラー練習.vwx

完成例

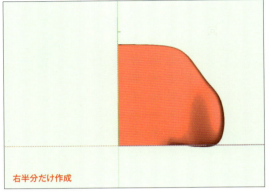
右半分だけ作成

反転の基準になる下の辺をクリック❶、辺を後ろから前になぞるようにドラッグします❷。

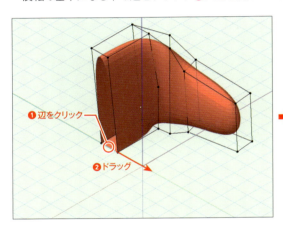

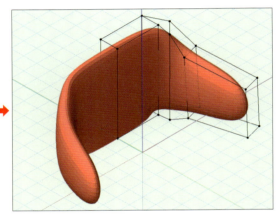
モデルが反転コピーされた

元になるモデルを編集すると、それに合わせてミラーリングした形状が変更されます。

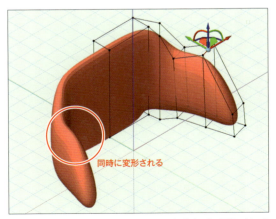
「ミラーモデリング」モードでは元のモデルを編集すると、反転コピーされた図形も同時に変形される

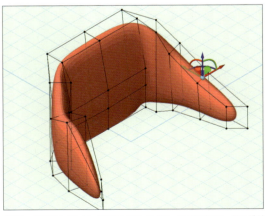
「ミラーモデリング」モードのアイコンをクリックするとミラーリングが解除され、一般のモデルになるため、元になるモデルを編集しても反映されない

SECTION 02 テクスチャの応用

画像を取り込んだ実画像テクスチャや、シェーダの数値を編集した擬似画像など、オリジナルのテクスチャ作成にチャレンジしましょう。また、モデルの形状に合わせたマッピング方法も練習します。

作例完成イメージ

テクスチャ設定前のパース

オリジナルテクスチャを設定

空間モデルにテクスチャを設定します。ここではさまざまな素材のテクスチャを作りながらテクスチャ編集のシェーダの機能を紹介します。また、モデルタイプに合わせてテクスチャの設定や画像を添景パーツとして作成する方法、背景を設定する方法にチャレンジしてみましょう。

2-1　オリジナルテクスチャの作成

テクスチャの取り込みについて

　テクスチャはリソースマネージャで管理します。既存のテクスチャを使用する場合は「Vectorworks ライブラリ」の「Defaults」から「Renderworks-Textures」フォルダを検索します❶。
　「Renderworks-Textures」の「_Defaults Textures.vwx」にはガラスや金属、レンガなどの数種類のテクスチャが用意されています❷。そのほかにもバージョンによって多種のテクスチャをダウンロードして使用することができます。

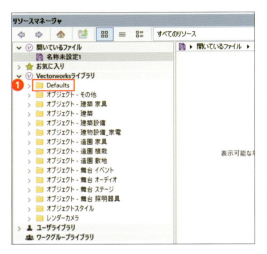
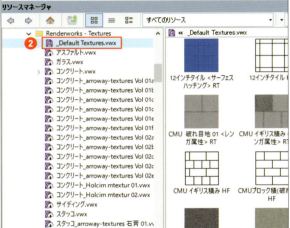

　テクスチャを使用する場合は、テクスチャの上で右クリックして「取り込む」を選択し、作業中のファイルに取り込みます。

> 💡 **HINT**
>
> 図はDesignerのリソースマネージャです。

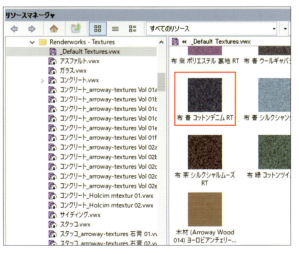

　また、テクスチャを直接モデルに設定することで作業中のファイルに取り込むことができます。

リソースマネージャから「開いているファイル」を選択すると、取り込まれたテクスチャを確認することができます。

取り込んだテクスチャは名前を変更したり、複製したり、編集したりすることが可能です。

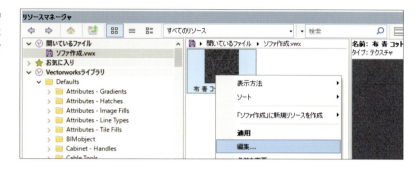

新規テクスチャの作成

1 新規にテクスチャを作成する場合はリソースマネージャの「新規リソース」をクリックし❶「リソースの作成」から「テクスチャ」を選択するか❷、リソースの項目を「テクスチャ」に切替えて❸「新規テクスチャ」をクリックします❹。

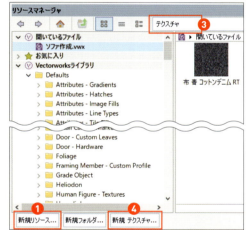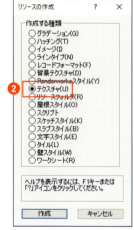

2 テクスチャは「シェーダ設定」の色属性、反射属性、透明属性、バンプ属性の項目を組み合わせて作成します。

- 色属性：イメージ（画像）の設定やカラー設定
- 反射属性：ガラスやミラー、各種メタリックなどの反射の設定
- 透明設定：ガラスなどの透明度を設定
- バンプ属性：凹凸感を設定

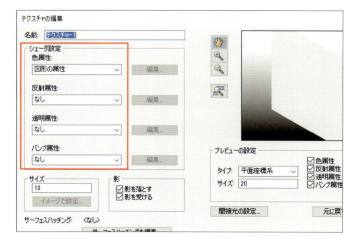

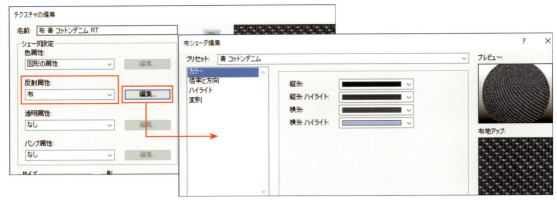

3 Ver.2018 では反射属性に「布」が追加されました。「編集」をクリックすると縦糸、横糸のカラー調整や倍率変更ができ、多彩な質感表現ができるようになりました。

テクスチャの作成

リビングのパースに設定するオリジナルテクスチャを作成します。

作成するテクスチャ
- フローリング
- タイル
- シアーカーテン
- ラグ
- ランプシェード
- アート
- ソファ布地

> 🔍 **REFERENCE**
> サンプルファイル：10_C4_テクスチャ設定練習.vwx

テクスチャを設定するパース

フローリングの作成

フローリングの画像を取り込んでテクスチャを作成します。メーカーのホームページや素材ダウンロードサービスなどからパース用の画像をダウンロードすることができます。

1 リソースマネージャの「新規テクスチャ」をクリックして「テクスチャの編集」ダイアログを開きます。名前に「フローリング」と入れて❶、「色属性」から「イメージ」を選択します❷。

2 「選択イメージ」ダイアログの「イメージファイルの取り込み」を選択している状態で「OK」をクリックします。

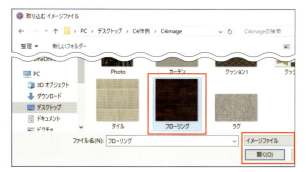

3　サンプルファイル「Chapter04」の「C4_イメージ」からフローリングの画像を選択して「開く」をクリックします。

4　「イメージの色属性を編集」ダイアログのタイリング（繰り返し並べる機能）をチェックした状態で「OK」をクリックします。

5　フローリングに光沢が出るように「反射属性」を「ミラー」で設定します。「編集」をクリックして反射率を調整します。

6　「ミラーシェーダの編集」で「反射」を「2」にします。

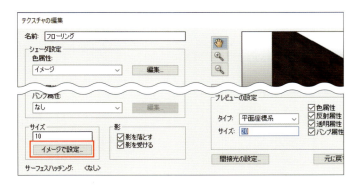

7　フローリングのサイズを調整します。現在ダイアログでは画像全体のサイズが「10」でプレビューに表示されているサイズが「20」になっています。サイズ変更をするため「イメージで設定」をクリックします。

8　「イメージサイズを設定」ダイアログのラバーバンドをフローリングの幅に合わせて配置し、「サイズ」を「100」にして「OK」をクリックします。

> 💡 **HINT**
>
> Ver.2018では「イメージサイズを設定」ダイアログのプレビュー画像を拡大縮小、スクロールができるようになりました。

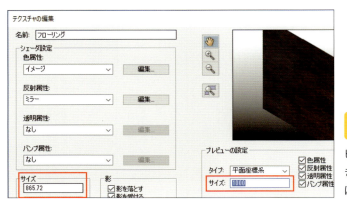

9　テクスチャのサイズが更新されます。全体が確認できるようにプレビューのサイズをテクスチャサイズより大きくなるよう「1000」に変更します。最後に「OK」をクリックします。

Chapter 4　Vectorworksのパースを極める！

281

10 作成したテクスチャは作業中のファイルのリソースマネージャに登録されます。

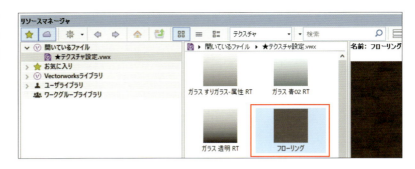

完成したフローリングテクスチャは、レンダリングすると床の上に置いたものが映り込むようになります。

シアーカーテンの設定

シアーカーテンとは薄地で、光が透けるカーテンです。

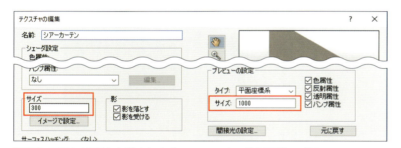

1 画像に透明度を設定します。フローリングと同様の手順で「シアーカーテン」の画像を取り込みます。イメージのサイズを「300」と入力し、プレビューのサイズを「1000」にします。

2 透明属性を「プレーン」にします。「編集」ボタンをクリックします。

3 「プレーンシェーダの編集」ダイアログの「不透明度（%）」を「70」にします。

完成したシアーカーテン。テクスチャが透けている

282

シェードのテクスチャ設定

ランプシェードが光っているように見えるテクスチャを作成します。ダウンライトの発光部にも使用できます。

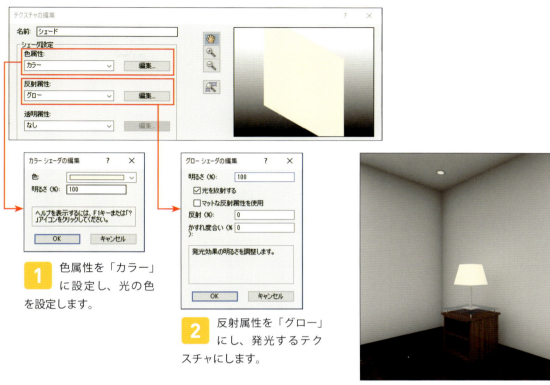

1 色属性を「カラー」に設定し、光の色を設定します。

2 反射属性を「グロー」にし、発光するテクスチャにします。

完成したランプシェードのテクスチャ

ソファの設定

1 Ver.2018から新しく用意された反射属性の「布」を使って、ソファの布地を設定します。

2 「布シェーダ編集」では「カラー」をグレーベージュ系に設定します。

- 縦糸：Warm Gray 50%
- 縦糸ハイライト：Warm Gray 40%
- 横糸：Warm Gray 20%
- 横糸ハイライト：Warm Gray 10%

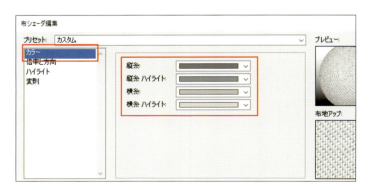

3 「倍率と方向」では「倍率：U」、「倍率：V」を「100」にします。織目を大きくしたい場合は値を大きくします。

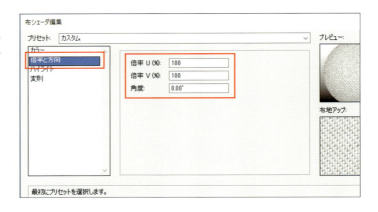

4 「ハイライト」は以下の通りの設定です。ハイライトは値を小さくすると鮮明になります。均一散乱係数は布全体の反射強度で、値を大きくするほど、布の反射は強くなります。

- 糸のハイライト：50
- ポリエステル／シルクのハイライト：50
- 均一散乱係数：0.05
- 前方散乱係数：2

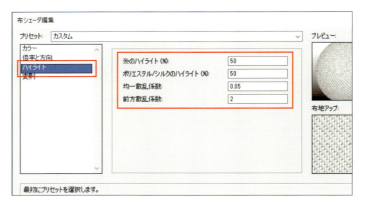

5 「変則」は糸の色や方向の不規則性や色ムラを調整します。

- カラー：40
- 色ムラの倍率：10
- 縦糸：30
- 横糸：15
- 糸の倍率：5

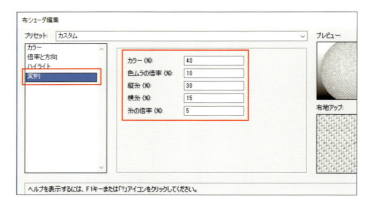

完成したソファ布地のテクスチャ

タイルの設定

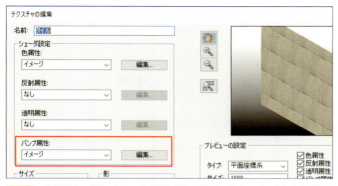
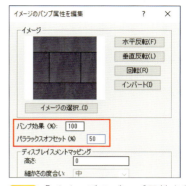

1 色属性に「タイル」の画像を取り込みます。タイルと目地の凹凸感が出るように「バンプ属性」を設定します。バンプ属性は色属性で設定したイメージと同じものを取り込みます。

2 「イメージのバンプ属性を編集」ダイアログの「インバート」をクリックして画像の色を反転します。「バンプ効果」を「100%」にし、「パララックスオフセット」は「50%」で作成します。

> 💡 **HINT**
>
> パララックスオフセットとは、パララックスマッピングの度合いを設定するもので、視覚上の奥行き効果を高め、バンプマッピングを強化したものです。

バンプ設定をしたタイルとしないタイルの比較

ラグマットの設定

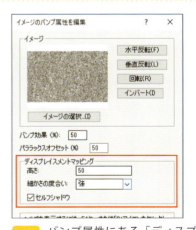

1 毛足の長いカーペットを「バンプ属性」機能を使って表現します。色属性とバンプ属性には「ラグ」の画像を取り込みます。

2 バンプ属性にある「ディスプレイスメントマッピング」を設定します。形状を表面から外側に投影する機能で、高さを数値設定することができます。ここでは、高さを「50」、細かさの度合いを「強」、セルフシャドウにチェックを入れて設定します。

バンプ設定をしたラグとしないラグの比較です。ディスプレイスメントマッピングの効果は「RW-仕上げレンダリング」した際に表現されます。

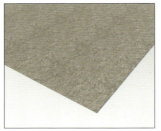
バンプ設定なし

バンプ設定あり

> **HINT**
> ディスプレイスメントマッピングはレンダリングに時間がかかるため、状況に合わせて使用しましょう。

アートの設定

1 柄や模様のテクスチャとは違い、1枚の絵として使用する場合の設定方法です。色属性に「Photo」の画像を取り込みます。

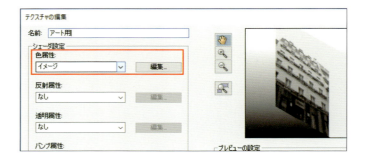

2 イメージの取り込みをする際に表示される「イメージの色属性を編集」の「タイリング」のチェックをはずして取り込みます。

3 アート用の画像は白黒ですが、「イメージの色属性を編集」の「フィルタ色」でセピア色に調整することができます。ここでは薄いブラウン系の色を選択しています。

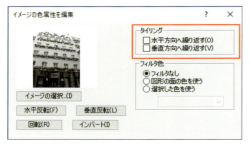

4 画像のサイズをアートを設定するモデルの大きさに合わせます。

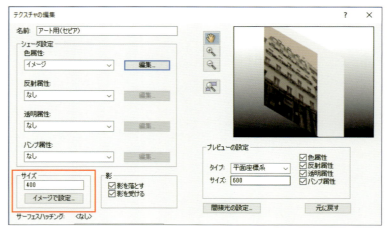

モノクロとセピアのアートの完成例

2-2 テクスチャ設定

テクスチャの設定

作成したテクスチャをモデルに設定しましょう。「壁」や「床」、「シンボル図形」など、モデルのタイプに合わせてテクスチャを設定します。

> **HINT**
> 図は壁レイヤのみ表示しています。

> **REFERENCE**
> ここから操作を始める場合はサンプルファイル:12_C4_テクスチャ完成.vwxでできます。

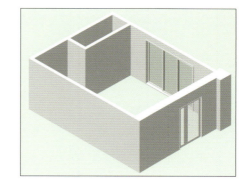

「壁」の設定

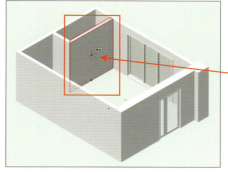

1 リソースマネージャに登録したテクスチャ「タイル」をドラッグして壁に設定します。

2 壁にテクスチャが設定されます。

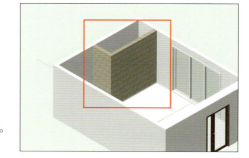

Chapter 4 Vectorworksのパースを極める！

287

壁のテクスチャ貼り分けについて

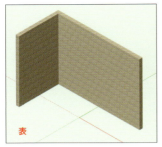
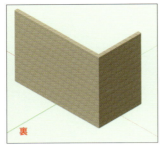

1 ドラッグして設定したテクスチャは、壁の裏表に同じテクスチャが設定されます。

2 裏と表のテクスチャを変更する場合は、データパレットの「レンダー」タブで設定します。

3 「テクスチャを貼る範囲」を「左側」または「右側」に切替えて、別のテクスチャを設定します。

4 指定した側のテクスチャのみ変更されます。

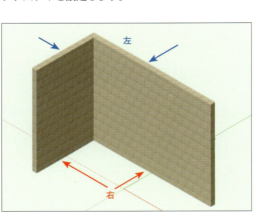
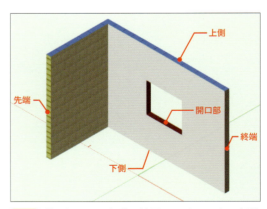

5 左側と右側の区別は、描画方向により決まります。左と右の区別は下図のようになります。

6 「テクスチャを貼る範囲」のそのほかの部位は図のように貼り分けることができます。

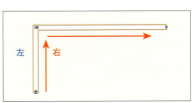

描画方向

テクスチャをはずす

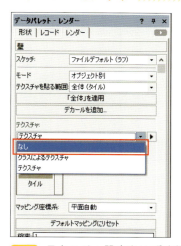 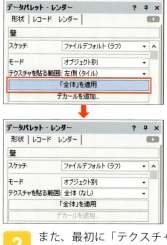

1 テクスチャ設定をはずす場合は、「テクスチャ」から「なし」を選択します。部位ごとに貼り分けている場合は、「テクスチャを貼る範囲」で対象になる範囲を選択してから、テクスチャを「なし」にします。

2 また、最初に「テクスチャを貼る範囲」が「全体」のときに「なし」を設定した場合、右側や左側など範囲を切替えてから「『全体』を適用」をクリックするとテクスチャをはずすことができます。

3 テクスチャを「なし」にするとカラーパレットで設定している色が有効になります。

 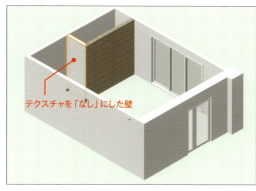

テクスチャを「なし」にした壁

「床」の設定

ドラッグ

1 アクティブレイヤを「床」にして、フローリングのテクスチャを床にドラッグして設定します。

2 床の「テクスチャを貼る範囲」には、「全体」のほか「上」「下」「側面」があり、貼り分けることができます。

「柱」の設定

1 柱の「テクスチャを貼る範囲」にも、「全体」「上」「下」「側面」があります。

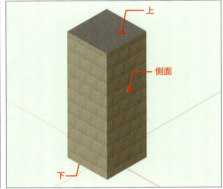

一般図形の設定

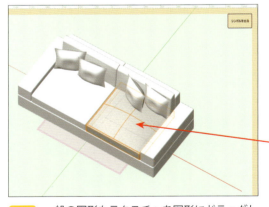
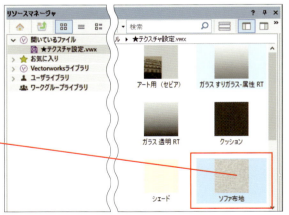

1 一般の図形もテクスチャを図形にドラッグして設定できますが、この方法でうまく設定できない場合は先に図形を選択してからテクスチャをダブルクリックします。

> 💡 **HINT**
>
> シンボル図形の場合は「シンボルの編集」に入ってからテクスチャを設定します。グループ図形の場合は図形を選択してからテクスチャをダブルクリックして設定することができますが、全体に同一のテクスチャが設定されるため、個々の形状に異なるテクスチャを設定する場合は「グループの編集」に入ってからテクスチャを設定します。

柱状体のテクスチャ貼り分け

　柱状体の「テクスチャを貼る範囲」にも「全体」のほか「上」「下」「側面」があり、化粧板仕上げのテーブルなど天板と小口の仕様を変えた表現なども可能です。

　図のモデルは「右」のビューで切り欠きをした2D図形を「柱状体」にし、「テクスチャを貼る範囲」を設定したものです。柱状体に変換した時の視点によって貼る範囲の向きが変わります。

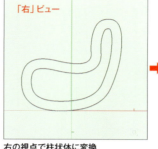
右の視点で柱状体に変換

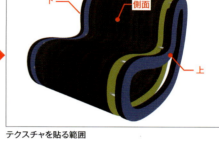
テクスチャを貼る範囲

マッピングの編集

　テクスチャを形状に合わせて貼り付けることをマッピングといいます。テクスチャを設定した後、正しい向きにテクスチャのマッピングを編集します。

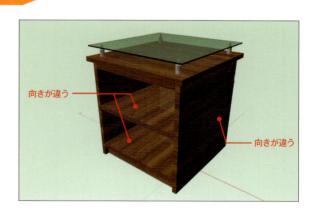

データパレット「レンダー」タブによる編集

　テクスチャの向きを変える場合は「回転」に角度を直接入力するか、レバーをスライドして変更します。

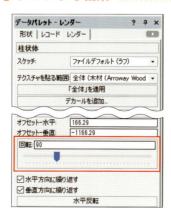

向きが修正された

291

テクスチャのサイズを「縮率」を設定して、倍率によるサイズ変更をすることができます。

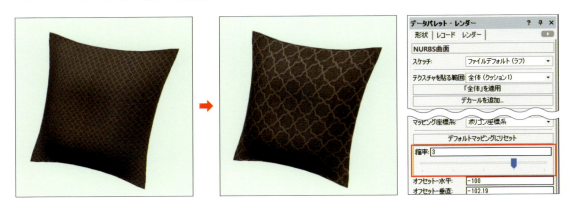

マッピングの編集は、モデルに設定したテクスチャのみ編集を行っているため、形状によって同じ操作を繰り返し行うことになります。基本ツールのアイドロッパツールを使用すれば、変更したテクスチャをそのままペーストすることができます。

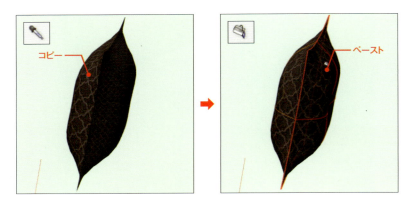

属性マッピングツールによる編集

アートのテクスチャを設定します。テクスチャが横向きに貼られています。

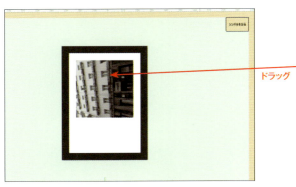
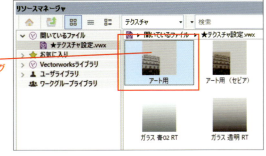

1　テクスチャが貼られている形状を選択し、基本ツールの属性マッピングツールを選択します。テクスチャマッピングタイプ変更に関するダイアログが表示されます。「平面座標系」を選択して「はい」をクリックします。

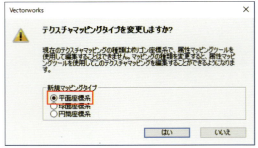

2 テクスチャを設定する形状面をクリックします。形状面に合わせてテクスチャがマッピングされます。

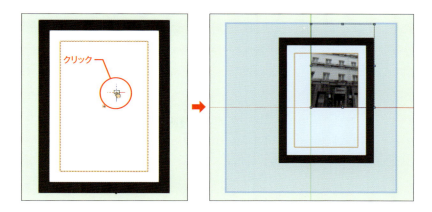

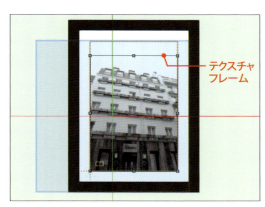

3 テクスチャフレームを移動して形状と配置を合わせます。

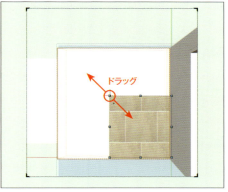

4 テクスチャフレームのコーナーをドラッグしてサイズを変更することができます。

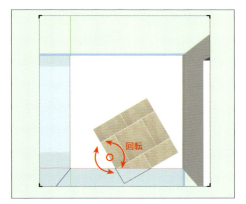

5 テクスチャフレームの辺をドラッグするとテクスチャが回転します。

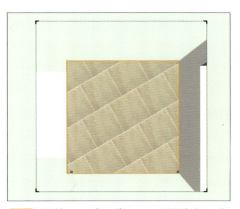

6 属性マッピングツールを解除する（セレクションツールなどほかのツールを選択）すると全体の確認ができます。

> 💡 **HINT**
>
> 属性マッピングツールの「繰り返し」モードに切替えると、テクスチャを全体に表示しながら確認することができます。

Chapter 4　Vectorworksのパースを極める！

デカール設定

テクスチャの上にテクスチャを重ねて設定できる「デカールテクスチャ」を作成することができます。

貼り付ける面

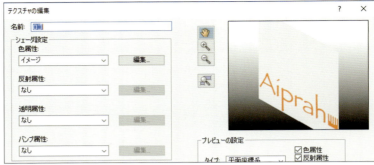
貼り付けるテクスチャ（タイリングなし）

1 木目のテクスチャを設定した壁面オブジェにロゴマークを入れます。デカール設定は「RW仕上げレンダリング」をした時のみ確認することができます。

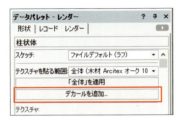

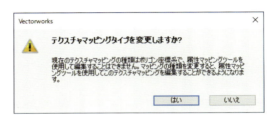

2 オブジェを選択し、データパレット「レンダー」タブの「デカールを追加」をクリックします。マッピングタイプの変更確認のダイアログが表示された場合は「はい」をクリックします。

> **REFERENCE**
> サンプルファイル：13_C4_デカール練習.vwx

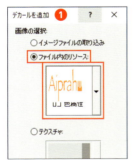
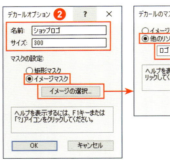
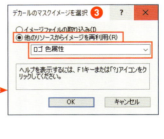

3 ❶「デカールを追加」ダイアログの「画像の選択」から「ファイル内のリソース」を選択し、「ロゴの色属性」を選択して「OK」をクリックします。
❷「デカールオプション」ダイアログで、「名前」を「ショップロゴ」にし、「サイズ」を「300」にします。「マスクの設定」を「イメージマスク」にして「イメージの選択」ボタンをクリックします。
❸「デカールのイメージマスクを選択」ダイアログで、「他のリソースからイメージを再利用」を選択し、「ロゴの色属性」を選択して「OK」をクリックします。
❹「マスクを作成」ダイアログで、「色」を選択して「OK」をクリックします。

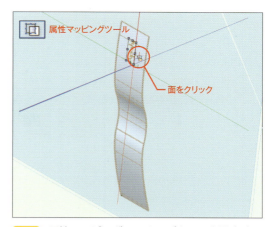

4 「カラーマスクの生成」ダイアログが開きます。黒く表示されている部分に透明になるマスクが生成されます。「OK」をクリックしてすべてのダイアログを閉じます。

5 属性マッピングツールでデカールを設定する面をクリックします。

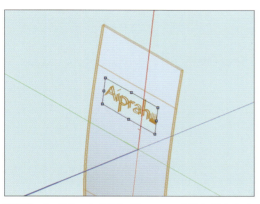

6 オブジェのR面に沿ってロゴが表示されます。ロゴの位置を好みの場所に調整します。

7 設定後はセレクションツールに切替えてレンダリング結果を確認します。

デカールテクスチャのサイズや向きを変えた完成例。属性マッピングツールで一度設定したデカールテクスチャを編集することができる

Chapter 4 Vectorworksのパースを極める！

295

クラスによるテクスチャ設定

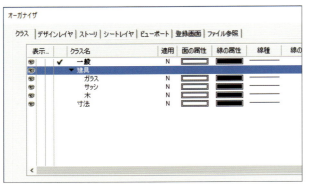

1 クラスを利用してテクスチャ設定をすることができます。新規にクラスを作成し、「クラスの編集」で「テクスチャ」を設定します。

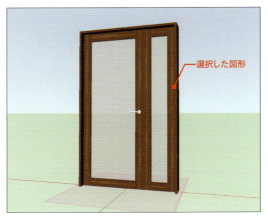

2 図形を選択し、データパレットの「形状」タブでテクスチャを設定しているクラスに切替えます。

3 データパレットの「レンダー」タブの「テクスチャ」を「クラスによるテクスチャ」に切替えます。

テクスチャ設定が完成した空間（RW-仕上げレンダリングの結果）

🔍 REFERENCE

サンプルファイル：14_C4_テクスチャ設定完成.vwx

2-3 添景と背景

添景の作成

　植物など、モデリングが困難なものは画像を利用して「添景」を作成することができます。使用する画像としては、対象物と背景がしっかり分かれているもの、背景が一色になっているもの、背景の余白が少ないもの（対象物のギリギリの範囲で切り取られている状態）が望ましいです。

> **REFERENCE**
> サンプルファイル：15_C4_添景作成練習.vwx

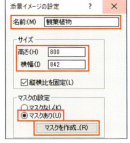

1 添景の作成は「モデル」メニューから「添景を作成」を選択します。「添景イメージの設定」ダイアログの「名前」を入力し、サイズを入力します。「マスクの設定」で「マスクあり」を選択し「マスクを作成」ボタンをクリックします。

2 「選択 添景マスクイメージ」ダイアログの「イメージファイルの取り込み」で、添景イメージと同じファイルを取り込み、「マスクを作成」ダイアログで「マスクの設定」を「色」にして「OK」をクリックします。

> **HINT**
> 11_C4_イメージフォルダ内の画像「green」を取り込んで作成できます。

3 「カラーマスクの生成」ダイアログが開きます。「カラーマスクの効果」では、背景が黒く表示されています。この範囲が透過するマスクになり、対象物だけが画面に表示されるようになります。「OK」をクリックしてダイアログを閉じます。

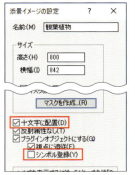
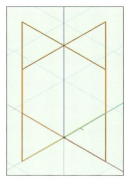

4 植物の場合、多方向から見えるように「十文字に配置」にします。「シンボル登録」にチェックを入れると完成とともにシンボルとして登録されます。

5 添景と 3D モデルを組み合わせて鉢植えの観葉植物を完成させます。

> 🔍 **REFERENCE**
>
> サンプルファイル：16_C4_添景完成.vwx

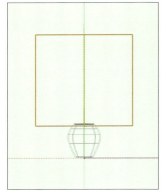

背景の作成

背景テクスチャの作成

窓越しの背景を設定します。

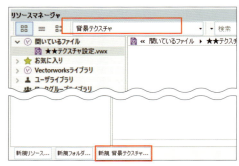

1 リソースマネージャの項目を「背景テクスチャ」に切替えて「新規 背景テクスチャ」ボタンをクリックします。

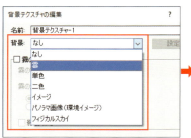

2 「背景テクスチャの編集」の「背景」をクリックすると「雲」や「単色」など、背景の種類がリスト表示されます。ここでは「雲」を選択します。「設定」ボタンをクリックすると「雲シェーダの編集」が開き、倍率や雲の色などを編集することができます。

3 完成した背景テクスチャがリソースマネージャに登録されました。

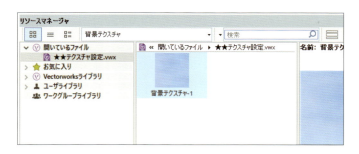

4 背景テクスチャの設定は、デザインレイヤで設定するレイヤを選択して「デザインレイヤの編集」ダイアログで設定します。

💡 **HINT**

リソースマネージャの背景テクスチャをダブルクリックしても設定することができますが、その場合はすべてのレイヤに背景が設定されます。

「RW-仕上げレンダリング」した結果

画像を使った背景

画像を取り込んで背景に設定することができます。

1 「背景テクスチャの編集」の「背景」から「イメージ」を選択します。

💡 **HINT**

11_C4_イメージフォルダの画像「風景」を取り込んで作成することができます。

2 ❶「選択イメージ」ダイアログで「イメージファイルの取り込み」を選択し、取り込む画像ファイルを選択します。❷「背景テクスチャを編集」ダイアログで画像の「幅」と「高さ」を指定することもできます。

Chapter 4 Vectorworksのパースを極める！

3. 完成した背景テクスチャがリソースマネージャに登録されます。背景を変更する場合は「デザインレイヤの編集」ダイアログで背景を切替えます。

4. 「RW-仕上げレンダリング」が完了すると画面に背景が表示されます。

5. 画像を背景に使用する場合、アングルと背景の向きが合っていないと違和感を与えるため、できるだけ向きの合った背景を準備しましょう。

6. また、背景用のパネルを作成し、テクスチャ設定で背景を設定して使用する方法があります。

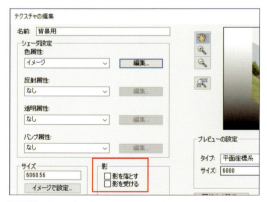

7. 光源が設定されている場合、背景用のパネルに影が表示されてしまうので「テクスチャの編集」にある「影」の項目のチェックをすべてはずします。

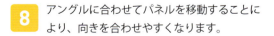

8. アングルに合わせてパネルを移動することにより、向きを合わせやすくなります。

🔍 REFERENCE

サンプルファイル：17_C4_背景完成.vwx

不要情報の消去

1 制作中に取り込んだテクスチャやシンボルなどで最終的に不要なものを削除すると、ファイルが軽くなります。

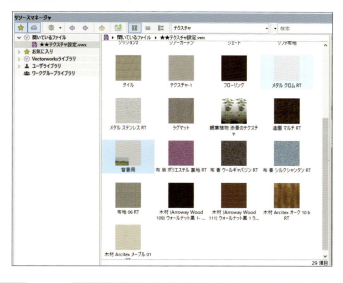

2 「ツール」メニューから「不要情報消去」を選択します。

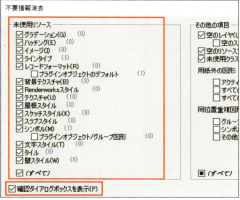
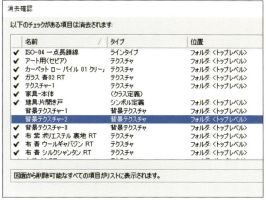

3 ダイアログの「未使用リソース」から項目を選択します。「すべて」にチェックを入れると、すべての項目が対象になります。「確認ダイアログボックスを表示」にチェックを入れた状態で「OK」をクリックします。

4 「消去確認」ダイアログに消去対象の項目が表示されます。チェックをはずすと消去の対象外にすることができます。

5 消去の実行後にリソースマネージャを確認すると、消去されていることが確認できます。

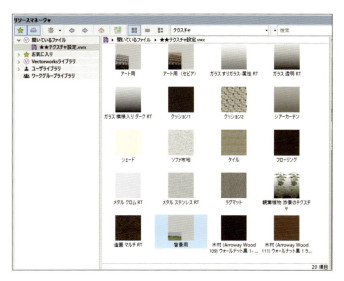

SECTION 03 レンダリング

フォトリアルな仕上がりとなる「RW-仕上げレンダリング」を使ってインテリアパースを完成させましょう。パースの仕上がりにも大きく影響するアングル設定や光源設定にチャレンジします。

作例完成イメージ

　パースの最終仕上げとなるレンダリングを行います。はじめに、プレゼンテーションの目的に合わせたアングルを検討しましょう。カメラ設定や登録画面を使えば欲しいアングルをすぐに切替えることができます。光源設定は、仕上がりに大きく影響する分、設定の難易度が高い操作です。ここでは基本的な光源の種類をうまく使い分けて、できるだけ短時間で仕上げる方法を解説します。Ver.2018では3Dモデルをパース以外にパノラマに書き出すことができ、VR体験を楽しむことができます。

> ⚠ **CAUTION**
>
> この章で使用するVectorworksのサンプルファイルは「RW-仕上げレンダリング」した時のレンダリング時間を短くするため、テクスチャ「ラグマット」の「バンプ属性」を「なし」に設定しています。

3-1 視点の設定

アングルを決める

視点の設定方法には大きく2種類あります。1つは「アングルを決める」方法です。

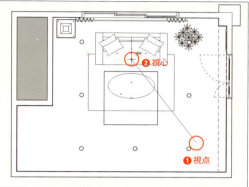

 HINT

視点の高さと視心の高さを揃えると、水平な視線で歪みの少ないアングルを設定することができます。

1 「ビュー」メニューから「アングルを決める」を選択します。「2D/平面」で設定します。視点（立つ位置）❶でクリックし、視心（見る方向）❷をクリックします。

REFERENCE

ここから操作をする場合はサンプルファイル:17_C4_背景完成.vwxを使用します。

2 「アングルを決める」ダイアログの「視点の高さ」と「視心の高さ」を「1500」にして、「OK」をクリックすると、指定したアングルが表示されます。透視図がフルスクリーンで表示されます。図は「OpenGL」でレンダリングした結果です。

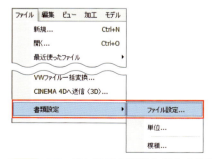

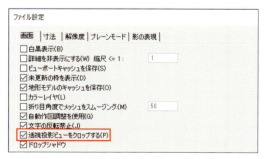

3 アングル表示の範囲を指定する場合は「クロップ」の設定を行います。設定は「ファイル」メニューから「書類設定」の「ファイル設定」を選択します。

4 「ファイル設定」ダイアログの「透視投影ビューをクロップする」にチェックを入れて「OK」をクリックします。

5 画面に枠が表示され、その範囲内にアングルが表示されます。

6 枠をドラッグして表示範囲を自由に変更することができます。

アングルの調整

1 アングルを微調整します。ツールセットの「ビジュアライズ」にある、「フライオーバー」「ウォークスルー」「視点移動」「視点回転」を使って調整することができます❶。ウォークスルーは視点を水平に保ったまま、アングル調整をすることができます❷。視点の高さを調整する場合は「視点移動」を使用します。調整したアングルは、「登録画面」の「画面を登録」をしておきます❸。

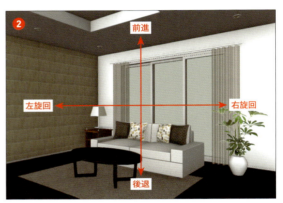

ウォークスルーは画面の中心からマウスを目的の方向にゆっくり動かしてアングルを調整する

レンダーカメラ

もう1つの視点の設定方法はツールセットの「レンダーカメラ」です。空間上にカメラを配置し、設置後も位置や向きを自由に変えることができます。

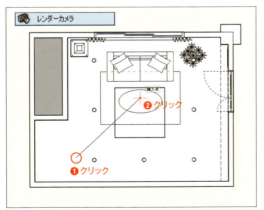

1 「レンダーカメラ」をクリックし、カメラを置く位置でクリックし❶、カメラを向ける方向をクリックします❷。

2 初めてカメラを操作する場合は「プロパティ」が開きますが、そのまま「OK」をクリックします。

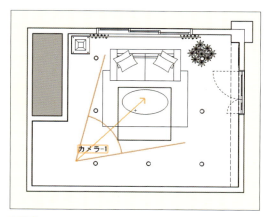
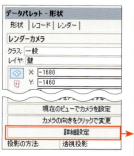
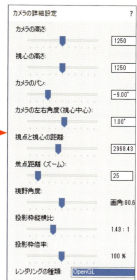

3 カメラが配置されます。カメラは複数台配置することができ、コピー＆ペーストも可能です。カメラをダブルクリックするとカメラビューに切替わります。

4 データパレットの項目を調整してアングルを編集することができます。「詳細設定」をクリックすると「カメラの詳細設定」ダイアログが表示されます。

5 カメラのパンやズームなど各項目のレバーを動かしながら調整します。「焦点距離（ズーム）」が設定できるため、狭い空間でも画角を広くして視野を広げることができます。

6 「投影枠縦横比率」はカメラビューの範囲を比率で設定するもので、縦構図、横構図がレバーで調整できます。また、カメラごとにレンダリング設定をすることができます。

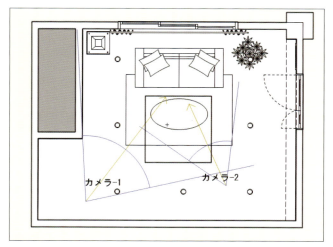

7 空間全体を見せるアングル、家具をクローズアップしたアングルなど、用途に合わせてアングルを設定しましょう。

> 💡 **HINT**
>
> アングルの取り方は、正面から見る1点透視図法（消失点1つ）よりも壁が3面見える2点透視図法（消失点2つ）の構図が空間に奥行きが表現されます。
> また、視点は低めの方が安定感が出ます。画角を調整する場合は歪みに気をつけながら設定しましょう。

Chapter 4　Vectorworksのパースを極める！

3-2 光源設定

アンビエントオクルージョン

右図は光源設定を行う前の「OpenGL」レンダリングをした結果です。影の陰影が少なく、平板な印象になっています。

1 「ビュー」メニューから「背景放射光」を選択し、「背景放射光の設定」ダイアログの「アンビエントオクルージョン」にチェックを入れて「OK」をクリックします。

2 設定後は光源設定を行わなくても、壁の入隅などのコーナーや隙間、突出部、図形が交差する部分にソフトシャドウがかかり、辺が強調され、よりリアルな奥行き感が生み出されます。

平行光源

ツールセットの「ビジュアライズ」の「光源」には「平行光源」「点光源」「スポットライト」の3種類があります。

1 光源設定は「2D/平面」で設定します。「平行光源」を選択して画面をクリックします。初めて光源を設定する場合はダイアログが表示されますが、そのまま「OK」をクリックします。

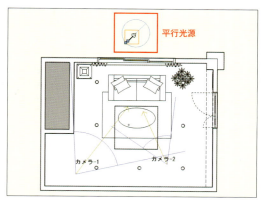
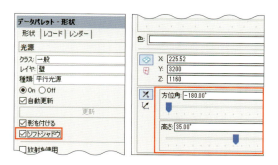

2 最初にクリックした場所に光源が配置されます。必要に応じて位置を移動します。ここでは窓の近くに光源を配置しています。

3 データパレットの「形状」タブで光源設定を行います。窓越しの光を表現するため、「ソフトシャドウ」にチェックを入れ、「方位角」と「高さ」のスライダーを動かしながら、窓から光が入る向きを調整します。

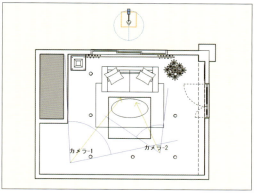
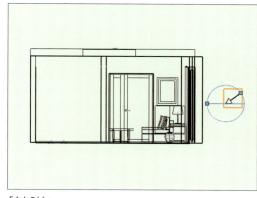

「2D/平面」のビュー　　　　　　　　　　　　　「右」のビュー

4 アングルを切替え、「OpenGL」でレンダリングします。1つでも光源を設定すると全体が明るく見えるように設定されていたデフォルト光源は無効となり、設定した光源の効果を確認できます。

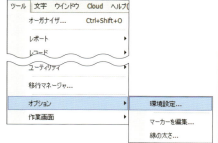
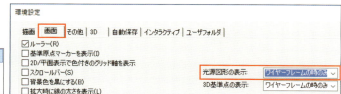

5 レンダリングした時に光源図形を表示しない場合は、「ツール」メニューから「オプション」の「環境設定」を選択し、「環境設定」ダイアログの「画面」タブにある「光源図形の表示」から「ワイヤーフレームの時のみ表示」を選択します。

6 「OpenGL」レンダリングでは光源の効果が正しく得られないため「RW-仕上げレンダリング」を使用します。平行光源は太陽光のように、窓から差し込む光として使用します。

> 💡 **HINT**
> 「RW-仕上げレンダリング」を途中で中止する場合は、キーボードの[Escape]キーを押します。

点光源

1 室内を明るくするため、「点光源」を部屋の中央に配置します。

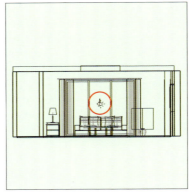

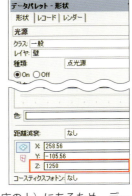

2 配置した直後は基準平面上（＝床の上）にあるため、データパレットの「Z」に高さを入力して上に移動します。ここでは部屋の真ん中の高さに配置するように設定しています。

3 レンダリングの結果です。配置したままの状態では室内が明るすぎます。

4 光源の明るさを調整します。「距離減衰」を「スムーズ」に切替えます。距離減衰とは光源から遠ざかるに従って光の効果が弱くなることで、より自然な光を表現することができます。

「距離減衰」を「リアリスティック」に設定すると、同じ明るさの光源でも光の届く距離が短くなるため、空間全体の明るさが変わります。

> **HINT**
> 設定しているテクスチャの色により、同じ明るさの設定でも結果は変わります。明るい色が多い場合は光源の反射も多く、より明るくなります。状況に合わせて光源の「明るさ」や「距離減衰」の設定を調整しましょう。

スポットライト

ハイブリッドシンボルで作成した、スポットライトを設定したダウンライトを使ってレンダリングします。

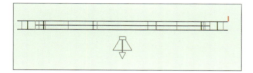

> **REFERENCE**
> Chapter3の2-2で作成したハイブリッドシンボルです。

 光源設定はデフォルト設定のままです。室内の照明を設定するため、窓から太陽光が入らないように平行光源をデータパレットでオフに設定しています。

> **REFERENCE**
> ここから操作をする場合はサンプルファイル：18_C4_スポット調整.vwxを使用します（レンダリングを早くするためにラグのバンプ設定をはずしています）。

色温度を設定するため、「放射を使用」にチェックを入れます。まずは明るさを確認するため、「1000ルーメン」のままでレンダリングします。

> **HINT**
> シンボル編集で修正するだけで、すべての光源が同時に修正されます。

3 床に落ちる光が強すぎる場合は「距離減衰」を「リアリスティック」にすると解消できます。

4 点光源も含め、色温度を「3400」Kに変更してレンダリングします。レンダリング結果には変化がありません。

5 光源の色温度を反映させるために「ビュー」メニューの「背景放射光」の「ホワイトバランス」を「昼白光（5000K）」に変更します。光源に赤みが付きましたが、全体的に色味が強く、暗くなってしまいました。

6 「背景放射光」の「ホワイトバランス」を「カスタム」の「4000」に変更してレンダリングした結果です。ホワイトバランスの数値を光源に設定した色温度に近づけると赤みが弱まります。

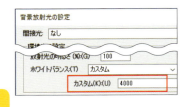

> 💡 **HINT**
> 「背景放射光」と光源の「色温度」のケルビン数が同じ場合、光の色は白くなります。「背景放射光」の数値が「色温度」より高いと光は赤みが強くなり、低いと光は青味が強くなります。

7 これまでの設定による結果を踏まえて、以下の通り調整しました。

- スポットライト：明るさ：2000 ルーメン
  色温度：3400K
  減衰距離：リアリスティック
- 点光源：明るさ：3000 ルーメン
  色温度：3400K
  距離減衰：スムーズ
  そのほか：ソフトシャドウ（影を薄く見せる）
- 背景放射光：ホワイトバランス：3600K

面光源

折り上げ天井の間接照明を表現します。光源を設定するモデルを柱状体で作成します。

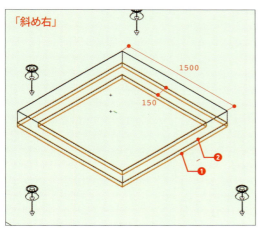

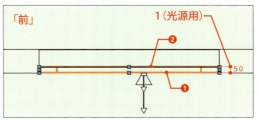

1 折り上げ天井の大きさに合わせたロの字型の図形を2つ作成します。1つは厚みのある柱状体にし❶、その上に薄い柱状体を重ねます❷。

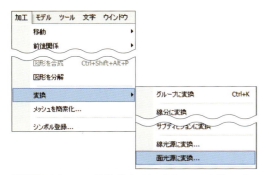

2 光源用の柱状体を「面光源」に変換します。形状を選択し、「加工」メニューから「変換」の「面光源に変換」を選択します。

3 データパレットで光源の明るさの値を大きめに設定します（ここでは「12000」にしています）。「形状のレンダリング」のチェックをはずします。

レンダリング結果

> **REFERENCE**
> サンプルファイル：19_C4_間接照明完成.vwx

> **HINT**
> 面光源を使用するとレンダリングに時間がかかるようになります。少しでも早く結果を得たい場合は、画面に表示するパースの画面を小さくして実行します。

演出照明の設定

空間を演出する光源を設定します。

> **REFERENCE**
> サンプルファイル：20_C4_演出照明完成.vwx

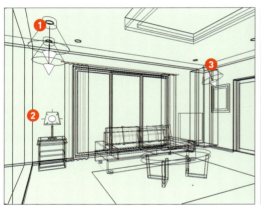

❶ 壁面前ダウンライト　❷ スタンドライト　❸ スポットライト

レンダリング結果

「影を付ける」について

　スタンドライトの明かりは点光源を設定しています。「影を付ける」にチェックを入れると、ランプシェードの影が出てしまいます。

デカール設定

「影を付ける」のチェックをはずすと、シェードの影が出ず、全体的に光るようになります。

光源のシンボルについて

壁面前のダウンライトシンボルは、壁から300の位置に3灯配置しています。この部分だけ明るさを調整します。シンボルにした光源は、データパレットの「明るさ」で調整することができます。シンボルの編集画面に入らずに明るさの調整ができます。

間接光について

「背景放射光」の「間接光」は、光エネルギーを受ける図形や素材、光などが反射して周囲に影響を及ぼす様子を表現します。バウンスは「2回」「3回」「4回」「16回」があり、回数が多くなるほど、よりフォトリアルなレンダリングになりますが、同時にレンダリングにかかる時間が長くなります。

間接光なし

図❶は「即時プレビュー、簡易計算、バウンス 2 回」を行った結果です。図❷は「標準、バウンス 4 回」の結果です。回数が増えるとよりフォトリアルな表現になります。

プロダクトなどのレンダリング

　HDRI 光源を使うことでプロダクトなどを効果的にみせることができます。下図はビューを「斜め右」にして「RW- 仕上げレンダリング」をしています。

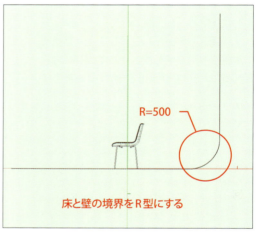

床と壁の境界を R 型にする

1 影が落ちるように背景を作成します。「右」のビューで L 字型に多角形を作成し、床と壁の接点に R を作り、境界をぼかした背景を柱状体で作成します。

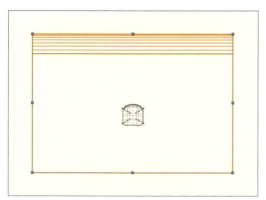

2 アングルから背景が欠けないよう、幅や位置、角度を調整します。

3 透視投影でアングルを調整します。形状が美しく見える角度や視点の高さになるようにアングルを調整します。

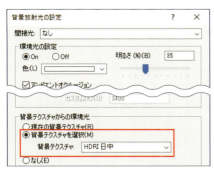

4 光源を設定します。「背景放射光の設定」の「背景テクスチャを選択」から「HDRI 日中」を選択します。

5 「RW-仕上げレンダリング」で確認します。HDRI を使用すると回り込む柔らかな光の表現ができ、高精度なレンダリングをすることができます。

> 🔍 REFERENCE
>
> サンプルファイル：21_C4_チェアレンダリング.vwx

3-3 ファイルの取り出し

イメージファイルの取り出し

1 レンダリングしたパースを画像ファイルとして取り出します。

> 🔍 REFERENCE
>
> サンプルファイル：22_C4_インテリアパース完成.vwx

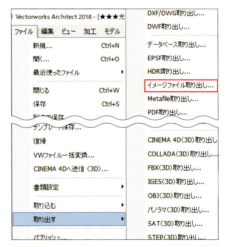

2 「ファイル」メニューから「取り出す」の「イメージファイル取り出し」を選択します。

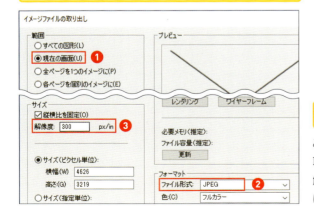

3 「現在の画面」を選択して取り出します❶。部分的に取り出しを行う場合は「指定範囲のみ」を選択し「範囲を指定」して取り出します。
取り出す画像のファイル形式を選択します❷。
解像度または取り出すサイズを指定します❸。印刷に適した解像度は 200dpi〜300dpi です。

4 画像の取り出しが始まります。解像度が高い場合やサイズが大きい場合は、取り出し時間も長くなります。画面の左下に計算時間が表示されます。

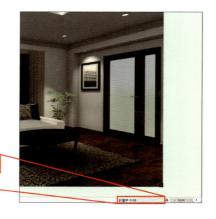

一括レンダリング

画面登録しているアングルを一括で取り出すことができます。

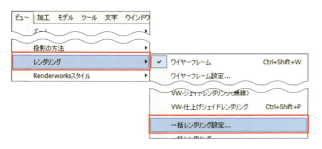

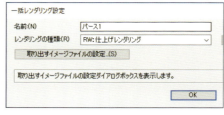

1 複数のパースを取り出す場合、「一括レンダリング」を使用すると取り出し作業を自動的に行うことができます。「ビュー」メニューから「レンダリング」の「一括レンダリング設定」を選択します。

2 「一括レンダリング設定」で「名前」を設定し、「レンダリングの種類」を選択します。続けて「取り出すイメージファイルの設定」をクリックします。

> ⚠ **CAUTION**
> 登録画面に使用している名前は使えません。違う名前を設定します。

3 「イメージファイルの取り出し」の各項目を設定して「保存」をクリックします。「一括レンダリング設定」に戻ったら「OK」をクリックします。

4 「ビュー」メニューから「レンダリング」の「一括レンダリング」を選択し、「一括レンダリング」ダイアログを開きます。「一括レンダリング設定」した画像は「設定済みの作業」にリスト表示されます。「すべて追加」をクリックするか、レンダリングする項目を選択し、「＞＞」をクリックして「選択項目」に移動します。

5. 「一括レンダリングの保存先」を指定して「開始」をクリックします。

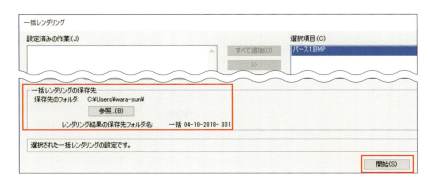

6. 複数の画像を取り出す場合は順番に取り出しが行われます。取り出しが完了すると「一括＋日付」という名前のフォルダが作成され、指定場所に保存されます。

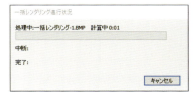

PDFの取り出し

Ver.2018から全シリーズでPDFファイルの取り出しと取り込みができるようになりました。

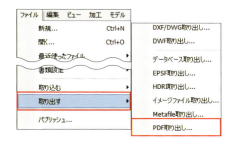
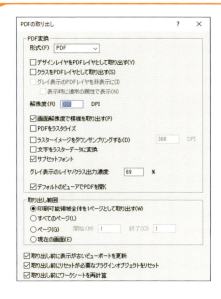

1. 「PDFの取り出し」で必要な項目を選択して取り出します。パースの場合、取り出しに時間がかかります。

パノラマの取り出し

レンダリングしたパノラマ画像を取り出し、360度3D空間を見回すことができます。カメラ位置は固定されていますが、視点は上下に移動でき、回転やパンによって完全に360度の空間を表示できます。

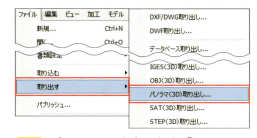

1. パースの画面を表示させ、「ファイル」メニューから「取り出す」の「パノラマ取り出し」を選択します。

2. 「パノラマ取り出しオプション」でレンダリングの種類や解像度、保存場所などを指定し「取り出す」をクリックします。

3 指定した場所に、.html ファイル、.jpg ファイル、.js ファイルが保存されます。index.html ファイルをダブルクリックすると、パノラマが表示されます。

> 🔍 **REFERENCE**
> サンプルファイル：23_C4_パノラマ

> ⚠️ **CAUTION**
> パノラマは Internet Explorer でのみ見ることができます。

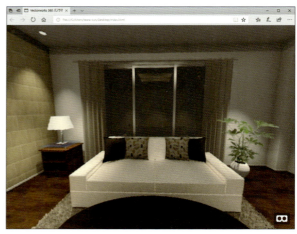

4 360度のパノラマ空間を見ることができます。

Web ビューの取り出し（Fundamentals 以外）

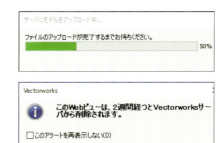

1 Designer、Architect 版では、取り出すファイルに「Web ビュー取り出し」が搭載され、クラウドにパノラマを保存することができます。レンダリング設定や保存場所を確認して「取り出す」をクリックします。

2 アップロードが始まります。完了するとメッセージが表示されます。「仮置き用クラウドストレージ」を保存場所に指定した場合は2週間後に削除されます。

3 共有リンク先を QR コードで読み込むこともできます。

4 スマートフォンやタブレットで VR 体験をすることができます。

数
2D製図 ...010
3D ...014
3D多角形 ...126
3D面取り ...131

A
BIM ...203
DXF/DWGファイル ...171
NURBS ...257
NURBS曲線の変形 ...258
OpenGL ...011, 113, 117
PDFの取り出し ...317
PDFファイル ...174
RW-アートレンダリング ...011
RW-カスタムレンダリング ...011, 118
RW-仕上げレンダリング ...011, 117
Vectorworksライブラリ ...039
VW-陰線表示レンダリング ...118
Webビューの取り出し ...318

あ
アイドロッパツール ...081, 092, 196
アクティブポイント ...020
アニメーション ...011
アングル ...303
アングル設定 ...115
アングルの調整 ...304
アンビエントオクルージョン ...306
アングルを決める ...115
一括レンダリング ...316
移動コマンドで移動 ...027
「移動」モード ...090, 195
イメージ ...038
インターフェース ...013
インテリアパース ...243
ウォークスルーツール ...115
オーガナイザ ...166, 211, 232
お気に入り ...183
オプションライブラリ ...039
オフセットツール ...032

か
回転 ...034
回転体 ...122
回転ツール ...031
各種パレットの名称と役割 ...013
家具／建物 ...014
角度スナップ ...109
影を付ける ...312
重なった部分を残す ...129
カスタム寸法規格の編集 ...048
画像の取り込み ...105
壁ツール ...057, 205
噛み合わせる ...128
画面登録 ...086
画面の操作 ...018
カラーパレット ...037
カラーパレットマネージャ ...037
間接光 ...313
基準面 ...114
基本パレット ...013, 024, 029
旧バージョン ...067
「境界の内側」モード ...091, 193
曲面で切断 ...129
切り欠き ...033
「均等配置」モード ...202
「矩形」モード ...021
クラス ...167
クラススタイル ...170
グラデーション ...038, 103
グリッドスナップ ...109
グリッドの設定 ...052

グループ ...035
形状タブ ...015
消しゴムツール ...032, 193
削り取る ...126
光源設定 ...306
光源のシンボル ...313
交点スナップ ...110
コマンドとツール ...190
コマンドパレット ...185
コンテキストメニュー ...029

さ
サブディビジョンサーフェス ...270
サブディビジョンプリミティブ ...271
サブディビジョン編集 ...272
シートレイヤ ...230
視点の設定 ...303
ショートカットキー ...115
シンボル ...175
シンボル登録 ...073
シンボルの置き換え ...178
シンボルの配置方法 ...068
シンボルの編集方法 ...176
シンボルフォルダ ...182
錐状体 ...121
スクリーンプレーン ...114
スクリプトパレット ...185, 186
図形スナップ ...109
図形選択マクロ ...187
図形の移動 ...026
図形の作図方法 ...019
図形の消去と取り消し ...023
図形の選択 ...020
図形の等分割 ...035
図形の複製 ...027
図形のリサイズ ...023
図形を等分割 ...046
スナップパレット ...109
スポットライト ...309
スマートエッジ ...110
スマートポイント ...110
寸法／注釈 ...014, 049
寸法の表示 ...056
整列 ...034
接線スナップ ...110
切断 ...193
セルの設定 ...236
前後関係 ...033
線の太さ設定 ...042
属性パレット ...014, 036
属性マッピングツール ...081, 098, 292, 295

た
タイル ...037
多段曲面 ...131
多段曲面ツール ...259
多段曲面の作成 ...261
多段柱状体 ...120
建物 ...014
「頂点追加」モード ...031
直列寸法 ...049
ツールセット ...014
ツールマクロ ...185
定点スナップ ...110
データパレット ...015
データライブラリ ...039
デカール設定 ...313
デカールテクスチャ ...294
テクスチャ設定 ...016, 287
テクスチャの作成 ...280

テクスチャの取り込み ...278
テクスチャの変更方法 ...119
デザインレイヤの編集 ...043, 165, 166
デフォルトクラス ...167
点光源 ...308
テンプレート ...190
投影図ビューポート ...250
トリミングツール ...092, 193
ドロップシャドウ ...102

な
「なげなわ」モード ...022
ナッジ機能 ...022

は
背景 ...297
ハイブリッド ...203
ハイブリッド構造 ...010
ハイブリッドシンボル ...212
ハイブリッドモデル ...010
配列複製 ...028
パス図形の編集 ...124
パス複製ツール ...033
ハッチング ...037, 197
パノラマの取り出し ...317
貼り合わせ ...033
パレットツールバー ...016
反転複写 ...070
ビジュアライズ ...014, 116
「ビュー」メニュー ...113
表計算機能 ...235
標準寸法 ...049
ファイルの互換 ...011
ファイルの取り出し ...315
フィレットツール ...092
プッシュ／プル ...125
不要情報の消去 ...301
フライオーバーツール ...114
プリンター設定 ...041
プレゼンテーション ...011
プロダクトなどのレンダリング ...314
平行光源 ...306
変形ツール ...030
辺の表示／非表示モード ...031
ポイント間複製ツール ...201

ま
マーカースタイル ...254
マッピングの編集 ...291
マルチビューウインドウ ...222
ミラー反転ツール ...032, 070
面光源 ...311
文字スタイル ...242
文字化け ...173
モデリング ...112

や
用紙設定 ...041

ら
ラインタイプ ...038
ラスタレンダリングDPI ...246
リソースの呼び出し方 ...017
リソースブラウザ ...067
リソースマネージャ ...016
りゃんこ貼り ...080
「レイヤカラー／カラー」ダイアログ ...166
レイヤ設定 ...043
レイヤプレーン ...114
レコードタブ ...015
レンダーカメラ ...116, 304
レンダータブ ...016
レンダリング ...112, 117, 302

わ
ワークシート機能 ...012
ワイヤーフレーム ...113, 117

Index

索引

319

■著者プロフィール

株式会社アイプラフ／Aiprah

藁谷美紀、大宮優永、井原佳世、二位悠人
APA（エーアンドエープロフェッショナルアドバイザー）

「元気に活躍したい人のサプリメント」をモットーに、長年の実務経験と指導経験を生かし、建築・インテリア業界向けに「教える」「仕組化する」という側面から、個人や企業を幅広くサポートするCADデザインサービスを展開。各種セミナーや企業研修、e-ラーニング、データ作成の他、大学やインテリアスクールでの講師を務める。著書として3Dプレゼンを強化する「建築・インテリアのためのVectorWorks 3Dプレゼンテーション完全ガイド」（エムディエヌコーポレーション）、「超図解で全部わかるインテリアデザイン入門」（エクスナレッジ）その他多数。
www.aiprah.co.jp/

デザイン： 坂本真一郎（クオルデザイン）
ディレクション： 関根康浩（株式会社翔泳社）
編集： 株式会社三馬力
DTP： 芹川宏（ピーチプレス）
執筆協力： 尾崎妙子
資料協力： 株式会社アイデック
写真協力： MACHIKO KOJIMA PRODUCE 小島真知子

Vectorworks パーフェクトバイブル　2018/2017対応

2018年7月19日　初版第1刷発行
2020年7月10日　初版第3刷発行

著者　　　　Aiprah（アイプラフ）
発行人　　　佐々木 幹夫
発行所　　　株式会社 翔泳社（https://www.shoeisha.co.jp）
印刷・製本　株式会社 シナノ

©2018 Aiprah

＊ 本書は著作権法上の保護を受けています。本書の一部または全部について（ソフトウェアおよびプログラムを含む）、株式会社翔泳社から文書による許諾を得ずに、いかなる方法においても無断で複写、複製することは禁じられています。

＊ 本書へのお問い合わせについては、002ページに記載の内容をお読みください。

＊ 落丁・乱丁はお取り替えいたします。03-5362-3705までご連絡ください。

ISBN 978-4-7981-4641-6　　　Printed in Japan